美学视角下
乡村景观规划与设计研究

谭　娟◎著

吉林出版集团股份有限公司

全国百佳图书出版单位

图书在版编目（CIP）数据

美学视角下乡村景观规划与设计研究 / 谭娟著 . --
长春 : 吉林出版集团股份有限公司 , 2024.3
ISBN 978-7-5731-4822-3

Ⅰ . ①美… Ⅱ . ①谭… Ⅲ . ①乡村规划 – 景观规划 –
景观设计 – 研究 – 中国 Ⅳ . ① TU986.2

中国国家版本馆 CIP 数据核字 (2024) 第 079782 号

美学视角下乡村景观规划与设计研究
MEIXUE SHIJIAO XIA XIANGCUN JINGGUAN GUIHUA YU SHEJI YANJIU

著　　者	谭　娟	
责任编辑	王贝尔	
封面设计	守正文化	
开　　本	710mm×1000mm	1/16
字　　数	210 千	
印　　张	12	
版　　次	2025 年 1 月第 1 版	
印　　次	2025 年 1 月第 1 次印刷	
印　　刷	天津和萱印刷有限公司	

出　　版　吉林出版集团股份有限公司
发　　行　吉林出版集团股份有限公司
地　　址　吉林省长春市福祉大路 5788 号
邮　　编　130000
电　　话　0431-81629968
邮　　箱　11915286@qq.com
书　　号　ISBN 978-7-5731-4822-3
定　　价　72.00 元

前　言

　　乡村地区的景观建设一直是以一种乡土风貌展示给外界，直到城镇化正式推进，才有所变化。

　　随着城市化步伐的加快，改变了乡村原有的风土人情、环境和生活方式，乡村的土地空间特色景观也被城镇化景观所替代，缺少了乡村的"原汁原味"，更缺乏在景观规划上面的设计美感。为落实乡村振兴战略，并积极推进美丽中国的建设工作，我们开始重点进行乡村建设，通过各种方式，基于各领域优势，对乡村进行治理与改造。现如今，城市中的人们生活逐渐快节奏化，越来越多的人开始期望到乡村休闲度假、放松身心。由此，我们就能够明白一点，乡村景观建设工作的推进要求通过人的意愿将自然景观与人文景观充分结合，并不断深化。

　　在当代，如何取其精华，去其糟粕，既保留当地的本土文化特色，又与现代景观设计相结合，探索美丽乡村景观设计的道路，提高人们的认同感，是一个需要重点探究的问题。

　　本书第一章为乡村景观概述，主要从五个方面进行叙述，分别是景观、乡村景观的基本概念，乡村景观的形成因素，乡村景观的基本结构，乡村景观的功能，乡村景观动态变化及其演变模式；第二章讲述了乡村景观规划与设计的基本原理和方法，从四个方面展开叙述，分别是乡村景观规划与设计的一般原理、乡村景观规划与设计的目标和原则、乡村景观规划与设计的一般程序和乡村景观规划与设计的方法论；第三章为乡村景观美学分析，从三个方面展开叙述，分别是乡村景观的美学要素、乡村景观的美学价值和乡村景观的美学优势；第四章讲述乡村景观规划与设计中的美学内涵，从三个方面展开叙述，分别是乡村景观规划与设计中的生态美学、乡村景观规划与设计中的环境美学和乡村景观规划与设计中的地域性美学；第五章主要为乡村景观规划设计实例分析，从四个方面展开叙述，分别是乡村景观规划与设计的总体思路、乡村景观的总体规划、乡村景观的分项设计和乡村景观规划设计的实例。

在撰写本书的过程中，作者参考了大量的学术文献，得到了许多专家学者的帮助，在此表示真诚感谢。由于作者水平有限，书中难免有疏漏之处，希望广大同行给予指正。

谭娟

2023 年 6 月

目　录

第一章　乡村景观概述

本章为乡村景观概述，从五个方面进行讲述，分别是景观、乡村景观的基本概念，乡村景观的形成因素，乡村景观的基本结构，乡村景观的功能，乡村景观动态变化及其演变模式。

第一节　景观、乡村景观的基本概念

一、景观的概念

最开始，人们基于自身视觉对周围的自然景物有了一定程度上的认知与了解，这时候在人们的心中就产生了景观的概念。比如，景观这一词汇最开始在欧洲被用来指代教堂、宫殿等奇伟建筑的美景。直到 15 世纪中期，一群西欧的艺术工作者将自己所绘制的各类景物称为景观。可以明显发现，发展到这个时候，西方社会中的"景观"一词与我国的"风景""景象"等词的意思相近或相同，同时也与英语"scenery"同义。总而言之，在人们的认知中，景观本身并不存在某种特定的空间界限，其本身更多的是一种来自人的较为明显且直接的视觉感受。

洪堡德（Alexander von Humboldt）作为著名的地理学家，在 19 世纪初期选择在地理学中融入"景观"这一词汇，在二者融合的过程当中，这一词汇的意义被引申为自然地理综合体的代名词。值得注意的是，此时的景观不仅强调了景观本身的地域整体性，也较为关注景观本身的综合性，在这一定义中，景观是一个地理综合体，其组成元素包含各类自然元素与文化现象。并且，地理与植物学家特罗尔又通过自己的努力将景观与生态学融合，最终诞生了景观生态学。之后，福尔曼（Forman）和戈德伦（Godron）结合前辈的种种经验，又给予了景观新的定义，即"由相互作用的镶嵌体（生态系统）构成，并以类似形式重复出现，具有高度空间异质性的区域"。① 伴随着时代的发展，人们已经开始逐渐重视景观建设，来自我国的景观生态学者肖笃宁又对景观进行了新的定义："景观是一个由不同土地单元镶嵌组成，且有明显视觉特性的地理实体；它处于生态系统之上、大地理区域之下的中间尺度，兼具经济价值、生态价值和美学价值。"② 基于以上种种，人们对景观有了更为全面的了解，如下所述：

①景观是地貌、植被、土地利用和人类居住格局的特殊结构。

②景观是相互作用的生态系统的异质性镶嵌。

---

① Forman R.T.T.Some general principals of Landscape Ecology, Landscape Ecology, 1996（3）：133–142.
② 肖笃宁，李秀珍. 当代景观生态学的进展和展望 [J]. 地理科学, 1997（4）：69–77.

③景观是综合人类活动与土地的区域整体系统。

④景观是生态系统向上延伸的组织层次。

⑤景观是遥感图像中的像元排列。

⑥景观是一种风景,其美学价值由文化所决定。

总体来说,人们对景观存在三种不同角度的认知。首先,认为其具有视觉美学的意义,本身意义近似于风景。其次,地理学上的意义,当我们把景观看作地球中存在的土壤、植被、动物等的综合体现时,这一词汇的含义在很大程度上接近于生态系统或生物地理群落等专业术语。并且,在这种综合性的观念里,人类的地位和功能也并未被排除在外。最后,景观这一概念在景观生态学这一学科中的具体解读。在此背景下,景观代表了空间中各种生态系统的融合。一个景观是由多个在空间上相邻、在功能上相互关联并具有独特特征的生态系统所组成的。经过对比,我们能够明显发现,上述三种认知存在一定程度上的理解的差别,但是其本身也有着部分联系。在景观生态学领域,"景观"这一概念在不断变化,最开始只是作为直观的美学观点存在,之后与地理学融合,出现了地理上的综合观,再到景观中的异质地域视角并不断发展。

总而言之,人们对景观进行深入认识后,能够建立起几项基本共识,如下所述:景观实际上是由多个相互影响的生态系统共同构建的,并表现出明显的异质性;景观也可以被视为一种生态系统之上和区域范围之下的组织结构;景观可以被视为一个融合了土壤、植物、动物与人类的建筑等的共同体;景观是一个融合了人类活动与土地资源的区域性生态系统;景观本身为世界上的各种生物带来了生存繁衍的基础,并为人类提供了各类景物以满足其视觉享受,且景观本身在经济、文化等方面也发挥了较大作用。

二、乡村景观的概念

我们应该从多个不同的角度对乡村景观所具备的内涵进行深入的认识,并加以界定。若是基于地理学的视角研究,可以发现,乡村景观本身属于一种特殊的景观类型,其中包含独特的景观行为、景观形态和景观内涵,它代表一种土地利用率不高,且当地人口密度较低,有着极为明显的农村田园特征表现的地区;若是基于景观生态学的视角观察,我们可以认为,乡村景观可以被定义为乡村区域内由不同土地单元组成的复合结构。其本身会受到自然环境的限制，也会受人类各种行为影响。这些不同的组成部分在大小、形态和布局上都展现出明显的差异性，它们同时具有经济、生态和美学等多重价值。值得注意的是，乡村的景观生态系统本身是由多个部分组成的，主要包括村庄、农田、池塘等，是一个融合了自然、经济和社会的综合生态体系。

需要格外关注的是，乡村景观本身属于在不同时期被不同的人基于不同需求对自然环境施加的影响。乡村景观本身大致会表现为以下几个方面的内容：第一，乡村景观在地域范围上主要指的是那些不包含在城市景观之内的各类景观，存在人类聚居的情况；第二，乡村景观本身包含数量众多的组成部分，其中主要有聚居景观、文化景观、自然景观、经济景观等；第三，在景观当中，自然因素的重要性较强，其自身拥有的自然属性的强弱会因为人类活动的情况而出现变化，人类干扰越少，景观本身所拥有的自然属性就会越强；第四，相比于其他类型的景观，乡村景观主要以农业生产为核心，对于土地中各项景观的利用方式并不精细，且存在独属于乡村的田园文化与生活方式。

另外，在乡村拥有的众多资源储备中，乡村景观是一种极为重要的资源类型，能够发挥宜人价值，可以被重点开发，能够在很大程度上有效促进乡村经济发展以及自然资源保护。

在人们正式向着实现可持续发展目标前进的时候，表明人类在人与环境关系方面有了更加深刻的认识，同时也为人们对乡村景观的认识带来了新的发现：第一，乡村景观不仅是乡村生态系统中各类物质与能量存在的媒介，同时也是社会精神文化体系的信息来源，它的存在能够在很大程度上彰显出人与自然之间的相互影响；第二，人们认知中的乡村景观的美，并不只是其外在形态美，也体现为其与大自然的协调之美，彰显出自然生态系统的精密，也为人们呈现了自然界生灵所拥有的生命力之美；第三，在可持续发展观的理念影响下，乡村景观成为自然、社会与艺术等类型的美的集合体。

第二节 乡村景观的形成因素

景观是多种自然要素与人类行为活动在长时间发展与相互影响中形成的。一般而言，若是自然因素存在差异，那么就会产生情景各异的景观布局。人为因素对天然景观改变甚大，不少地区由于人的各种活动，原始面貌发生了根本性的变化。

乡村景观是人们农业生产与自然相互交错过程的产物，代表着自然景观向人工景观过渡的趋势，主要包括生态要素、生产要素、生活要素、文化要素四个重要部分。

乡村景观中包含的四种要素彼此之间呈现独立的表现形式，且形成原因、自然属性等方面各有特色。虽然此四者是相互独立的，但它们也是紧密相连、密不可分的。其中，乡村景观的形成需要利用生态要素，生产要素本身属于乡村景观得以形成的物质条件，生活要素有效推动了乡村景观发展，而文化要素则可以确保乡村景观持久传承。最终，在以上四种要素的共同作用下，乡村景观得以呈现。

一、生态要素

乡村中最引人注目的自然资源就是其优质的原生态野外环境，不管是肥美的水草，还是清新的空气，都给人带来心旷神怡的感觉，共同构建了乡村景观的基础色调。另外，各生态要素共同促使乡村景观自身所拥有的自然特性得到了体现。

（一）气候要素

不同区域之间的景观存在或明显或隐秘的差异，这主要是受气候因素的影响，值得注意的是，人的自身各项行为活动在很大程度上都会受当地的气候因素影响。所以说，在对乡村景观进行规划设计的时候，需要重视当地的风、光、温湿度等。

（二）水体要素

水体要素主要包含各种类型、大小的水体，如河流、池塘、水渠等。其中，河流是在自然环境的作用下而诞生的，所以极具自然性与生态特性。相比之下，池塘存在的主要目的是蓄水，以便人们更好地应对干旱或滞洪。另外，池塘还可以储水用来防火灭火，属于人造景观。而水渠就更属于充满人文乡土气息的人造物，其存在的主要目的是灌溉田地。除了自然水体，乡村景观中的桥梁、水榭等设施也是不可或缺的重要元素。

（三）土地要素

土地不仅是一种充满象征意义的生命元素，也是人们共同的归属和思想上的完美归宿，而乡村景观则能充分展现技术和艺术的具体表现形式。只有在最大程度上合理且灵活地利用和改造现有的地形，我们才能实现人与自然的和谐共存。

（四）植被要素

乡村景观最为常见的就是不同类型的植物景观，在乡村景观当中，多种多样的植物素材与乡土景观互相协调，也使得乡土景观独具特色。

（五）动物要素

与其他要素不同，动物能够被人类真实地感知是其作为景观的最显著特点之一。在人们的心目中，鸟兽虫鱼等构成了自己认知中最初的乡村景观。乡村中存在的各种类型的动物是给人带来和谐与安宁的感受，是较为重要的构成要素。

二、生产要素

与其他类型的景观不同的是，乡村景观自身拥有独特性，即将部分生产性景观与农村中人们的劳动结合，其中的诸多要素类型有农田、林地、生产用具、晒场、材料等。

（一）农田要素

对于生活在现代社会中的人来说，食物是生存的根本，且食物的产出来自农田。另外，农田本身也属于乡村景观当中最大的一种景观。在人们漫长岁月的辛勤耕作中，农田的自然纹理和五彩斑斓的农作物产出，在一定程度上创造了一个可以游览观光的景观空间，也为之后乡村的原生态景观建设奠定了坚实的基础。另外，伴随着时代的发展，现代农业也在不断进步，在未来，农业景观发展的趋势就是将传统的农业景观与现代化的农业生产审美观念，即创业农业或观光农业等结合。

（二）林地要素

在乡村景观的生产要素中，林地要素一般包括自然林地与人工林地。其中林地景观不仅是天然的拱卫乡村景观的屏障，还是组成多样化乡村景观的关键。

（三）生产用具

伴随着文明的发展、生产力的进步，人类使用的农业生产工具逐渐变化，不断改进，现如今，现代化机械已经开始取代传统的、常见的传统农业生产工具，这一过程给人们留下了深刻的记忆。

（四）晒场用地

对于很多人来说，晒场中的草垛是自己的童年记忆。在过去，农民白天在晒场晒粮，晚上在晒场乘凉，或是举行全体村民的会议等。农闲的时候，晒场也能够为村民们提供放松、闲聊的场所。晒场不仅具有实用性，也具有一定的观赏性，它在乡村的景观设计中是一个非常独特的要素。

（五）材料要素

在乡村中，最能够体现乡村特色的就是竹子、秸秆、木材等。为更好地构建适应时代发展的乡村景观，需要使用新技术对上述各种材料进行艺术化处理，以充分体现其审美价值与实用性。

三、生活要素

对于很多人来说，乡村一直是祖祖辈辈生活的地方，随着人们不断地繁衍生息，逐渐建立起各种不同大小的聚居区。通过对自然进行的适应自身需求的改造，人们创造出了与众不同的生态景观。乡村的生活元素反映了其独特的社会属性。

（一）乡村聚落

不同地区的村落的分布与布局形式在很大程度上属于当地人与自然彼此适应的结果，是不同乡村所拥有的独特景观机理。比如，北方平原地区的村落会呈现组团状的外在形态表现形式，在山区村落在布局形式上则更多地表现为条带状。

（二）乡土建筑

人们一直认为，乡村当中最为标志性的符号就是当地的乡土建筑，比如，内蒙古的蒙古包、陕北的窑洞、福建的客家土楼等，这些不同形态的乡土建筑主要受到当地的自然环境与人们的文化习俗的影响，不仅外观上存在差异，在材料、建造技术等方面也各不相同。一般而言，我们认为乡土建筑本身所具备的各种表现特征都是乡村景观中最为关键的文化象征。

（三）乡村集市

乡村集市是乡村居民组织的可以自由进行商品交易的主要场所，属于乡村所独有的经济文化表现。在集市当中，人们可以自由购物，彼此之间顺畅交流，深刻体现了其中的经济与文化价值。

（四）乡村传统生活用具

在乡村中，大部分的生活用具都是手工制作的物品，它们的存在彰显了农民的智慧和才能，比如，藤条编的簸箕、竹篾编的筐等。伴随着现代化生产生活工具的普及，越来越多的传统生活用具已经不再有使用空间，逐渐被人们抛弃，但不可否认的是，这些现存于角落中的传统工具本身记载着丰富的传统乡土文化。

四、文化要素

乡村景观融合了自然与人文的诸多要素，深刻体现了人们对于自然和生命的深入探索与了解，其中，乡村文化景观要素包含种类众多，分别是历史文化、人文信息、乡村传承等，这些要素共同展现了乡村景观的独特精神风貌。

乡村景观的历史演变与乡村的历史发展存在着紧密的联系。乡村景观就像是一部关于乡村发展的断代史，详细记录了乡村的发展轨迹。在文化保护方面，为了有效延续乡村文脉，需要详细发掘、记录乡村发展历史中的独特文化内容。

民俗文化，作为一种深受人民群众喜爱的传统习俗，具有极为丰富且浓厚的人文内涵，其中包含生产活动、日常生活、各种节日等。民俗文化不仅是乡村景观的核心，也是乡村历史记忆及其独特文化传统的延续。

第三节　乡村景观的基本结构

景观实际上是由各种不同的生态系统所构成的嵌套结构，而各个组成部分则被视为景观的基础构造单元。我们可以从两个不同的视角来探讨景观结构的基础构成单元：其一，基于自然环境分类的单元；其二，依据人类活动所产生的影响来分类的单元。

景观和景观单元的关系是相对的。我们可以将包括村庄、农田、牧场、森林、道路的异质性地域称为一个景观，而将其中的每一类称为景观单元。当然也可将一大片农田视为一个景观，而按作物种类（如玉米、高粱、小麦、水稻等）或土地利用方式（如水田、旱田等）等划分景观单元。

景观与景观单元存在差异，其中，景观侧重于异质镶嵌体，而景观单元侧重于均质统一的单元。之所以出现上述内容中景观与景观单元的差异，是因为景观与时间空间尺度之间有着紧密联系，即景观的尺度效应。正确认识和理解景观整体和景观单元之间的相互关系及其有关的尺度转换问题，是研究乡村景观类型和建立区域性景观分类体系的关键。

如前所述，景观的基础构成要素是那些有着相对均质性的空间单元，它们共同组成了景观的整体。按照各种景观单元在景观中的地位和形状，可将景观的基本单元分为斑块、廊道、基质三种类型。

第一种，斑块（patch）。在外貌上与周围地区（本底）有所不同的一块非线性地表区域。

第二种，廊道（corridor）。与本底有所区别的一条带状土地。

第三种，基质（matrix）。范围广、连接度最高并且在景观功能上起着优势作用的景观要素类型。斑块与廊道在形状和功能上有区别，但也有一致的地方，可以说廊道即带状斑块。斑块和廊道是与基质相对应的，斑块和廊道都被基质所包围。在斑块与基质相连处，边缘对于斑块而言呈凸形，对于本底而言呈凹形。

一般来说，斑块、廊道和基质都代表一种动植物群落，如裸岩、公路、建筑物等。

这种基本结构普遍适用于各种景观，当然也包括乡村景观。

一、斑块

斑块主要分为以下四种：

（一）干扰斑块

通常情况下，若是某一个基质的局部受到了一定程度上的干扰，就有较大的可能出现干扰斑块，比如在森林中出现火情，就会因为烈火的燃烧而出现数目不等的漆黑的火烧迹地，这就是我们所说的干扰斑块。另外，不只有森林大火会出现干扰斑块，包括台风、洪水、地震、病虫害等，都会导致干扰斑块出现。除了自然环境的变化，人为活动的影响也会导致干扰斑块的出现，比如，在草场过度放牧、在林场过度采伐等。

一般情况下，在一个干扰斑块产生之后，该地区的生物种群就会发生很大的变化，其中部分种群甚至会彻底消失，也会有一些外来的生物种群进入其中开始繁衍生息等。这些种群的种种变化主要受到不同种群对于不同干扰的抵抗能力强弱的影响。一旦出现干扰，通常会开始一次新的群落演替。那些在受到干扰之前存在此地的顶级群落大多会在强烈的干扰之后被先锋群落抢占。在之后长时间的休养生息之后，此地的生态群落获得了良好的发展，周围环境也发生了一定的变化，此时，顶级的树种才会重新进入此地。之后，新进入的顶级树种会与当地的先锋树种共同成长，但是在这一过程中，顶级树种会逐渐取代先锋树种，直至完全霸占此地。

通常情况下，虽然干扰斑块容易生成，但是其自身存在的时间比较短，也就是周转率较快。干扰斑块所带来的干扰分为两种类型，分别是单一干扰和慢性干扰。相比于单一干扰，慢性干扰在留存时间上会比较长，具有一定程度上的稳定性。

（二）残留斑块

在一场森林大火中，若燃烧范围极小，那么未被烧毁的森林就被称为本底，被烧毁那一小部分被称为干扰斑块，若燃烧范围极大，那么已经被烧毁的大面积范围就属于本底，未被烧毁的一个或多个火烧迹地就被叫作残留斑块。根据存留面积大小的比较，有了本底与干扰斑块的分别。残留斑块与干扰斑块在形成原因上极为相似，且此二者的周转率都非常快。

一般而言，在某一区域内出现干扰情况之后，在受到干扰的本底当中会出现极为明显的变化，我们依旧以森林大火为例，在这之后，本底内的物种会出现一段时间的繁衍交替的变化，这种变化发展到最后，残留斑块会逐渐发展为与本底原貌一般无二的状态。

很多残留斑块是因为受到长期干扰而形成，比如经过人为力量的长期干预而出现的，被大片农田所分割出来一小块林地，就属于残留斑块。这一类斑块很容易出现物种灭绝的情况，而之所以出现这种情况，就是因为残留斑块中存在的物种种群太小，很难完成正常的基因遗传，甚至会出现遗传漂变的情况。所以，人们在对不同的残留斑块进行深入研究与分析之后，认为应当确定不同种群存续所必需的最低数量，以确保在这个数量及以上的情况下，该生物种群能够完成正常的生息繁衍。

（三）环境资源斑块

一般而言，在任何环境当中，某一区域出现干扰斑块与残留斑块的原因都是该区域受到干扰，而环境资源斑块则是由环境异质性导致的。如河北坝上草原地区，在丘陵起伏的条件下，低洼背风处多分布着白桦片林，与地形平坦和高起处的草原植被，形成明显对照。这时，白桦林是环境资源斑块，而草原是本底。

斑块与本底之间存在着生态交错区。不论何种类型的斑块，其与本底之间的生态交错区都非常短，也就是说斑块与本底之间的衔接过渡十分突兀。相比之下，环境资源斑块和本底之间存在着比较宽的生态交错区，所以，此二者间的过渡就较为顺畅。

由于环境资源的限制，环境资源斑块与本底之间的界限较为稳定，因此其周转率并不高。另外，虽然环境资源斑块中依旧存在生物种群变化，但是这些变化十分有限。

（四）人为引入斑块

一般而言，人为引入斑块的最终目的是造福于人类活动，比如农田、果园、球场、城市聚落等。人们对于那些在引入斑块中种植植物的，叫作种植斑块，这一类斑块中所有物种的周转率等情况完全由人来决定，且若是人不再对这一种植斑块施加影响，就会使周围的物种向内迁移，最终完全替代种植斑块中的物种，相反，若是人始终在施加干预，那么这一种植斑块就会由人的意愿决定存留的时间，在这一过程当中，需要支付大量的人力、物力、财力。

热带地区农业上有一种流动耕作方式，即在一个地方开垦荒地，利用自然肥力，种植农作物，待地力消耗以后，即撂荒，再转移到其他地方。这种种植斑块寿命短，周转率高。我国南方杉木林区有一种类似的栽培方式，即将常绿阔叶林砍伐，经过火烧炼山，再种植杉木，杉木长大砍伐后由于地力消耗过大，即不再种杉木，而是任其恢复自然植被，再另找一块地方种植杉木。

引入斑块的另一种类型是聚居地。通过前文的叙述，我们已经能够明显发现，不同种类的斑块都存在一定程度上受到人的影响。简单来说，就是人类的聚居地在很大程度上会直接影响景观，且在这个地球上，人类的聚居地数量众多。

景观中的斑块，其空间特征（如形状、大小以及数量或其他景观指数）对单位面积生物量、养分循环以及物种组成、生物多样性和各种生态过程都有影响，一般而言，物种多样性随着斑块面积的增加而增加。

因为斑块本身的中心与边缘在生态学特征上存在一定的差异，所以人们将其称为斑块的边缘效应。有些物种需要较稳定的环境条件，往往分布在斑块中心部分，称为内部种；而另一些物种能够适应多变的环境条件，分布在斑块边缘部分，称为边缘种。因此，如果要保护某一景观中的内部种，必须使斑块面积达到一定大小，当斑块面积过小时，则整个斑块会被边缘种所占据。

任何斑块本身所呈现出的结构特征，都会在很大程度上对生态系统自身的水分、循环、生产力等产生较大的影响，比如，斑块自身的类型与大小会直接影响其中生物的种类、数量与分布。

存在于乡村景观中的斑块变化的空间模式，根据其变化前后的空间关系可以加以明确，通常情况下，斑块可分为以下五种：边缘式、廊道式、填充式、蔓延式、零星式。

我们可以发现，存在于乡村景观中的所有硬质景观本身都属于斑块，只会因为人类的活动的影响，在类型、大小、分布等方面存在差异，所以，我们在研究人类活动会对自然环境产生何种程度的影响的时候，可以直接从对这些斑块的研究开始。另外，对于那些广泛存在的软质和无形的人文元素，我们就可以将那些不是主要组成部分的景观元素，如农业种植区的养殖业、批发市场中的流动商贩等，都分类到斑块中。在具体的研究过程中，可以根据对象的不同实行适应需求的划分。

二、廊道

在景观中，廊道是一个两侧与本底有明显差异、狭长、呈带状的景观单元。一般而言，廊道本身是一个独立的带状区域，或者与某种特定植被类型的斑块连接在一起。

廊道本身可以分为多种类型，比如干扰型、残留型、环境资源型、引入型廊道等。其中干扰型廊道本身之所以产生，是因为受到了带状干扰；残留型廊道之所以产生，是因为将某一区域内的物种清空，只有狭长的带状残存；异质性的环境资源在空间中的线性分布导致了环境资源型廊道的形成；相比上述种种，引入型廊道上极为常见，比如，人为种植的行道树和人为开挖的水渠等。另外，不同类型的廊道在存在时间上各有不同，其中环境资源型廊道因为对当地的影响颇深，所以存在时间较长，但是干扰型与残留型廊道中的植物演替未曾断绝，所以变化极快。相比之下，引入型廊道的存留时间会完全受到人类意愿的控制，其自身依托于人类在该区域的活动而存在，一旦人类结束此地的生产经营活动，引入型廊道将在极快的时间内消亡。

另外，廊道本身还可以分为河流廊道、农田廊道、道路廊道等。

廊道的生态功能主要有以下几种：

第一种，生境，如河流、林带等。

第二种，传输通道，如动物的迁徙走廊、植物种子通过河流传播等。

第三种，过滤和阻遏作用，如道路、防风林带对能量、物质和生物流在穿越中的阻截作用等。

第四种，作为能量、物质和生物的源（source）或汇（sink），如农田中的林带，一方面具有一定的生物量和野生种群，起到源的作用；另一方面可以阻截和吸收来自农田的水土流失的养分和其他物质，起到汇的作用。

在乡村景观之中，最为关键的廊道是河流廊道和道路廊道，还包括人工建造的灌溉渠、植被隔离带、树篱等。在乡村，交通廊道就是自身经济发展的生命线，有一个完备的交通网络存在，才能够更好更快地实现自身工业化发展与城市化。值得注意的是，现如今很多经济活动与社会事件都会因为交通廊道的变化而出现较大的变化，尤其是农村聚落、工业区等都会受到明显的影响。

三、基质

在景观当中，最为优秀的景观单元就是基质，其存在的面积最为广阔，在连通性的表现上也很好，能够更好地发挥优质的景观功能作用，且极大地影响了众多景观的整体变化。

在空间特征的具体表现上，基质存在以下几点优势：占据较大的面积、拥有较强的连续性，且能够影响景观的整体变化。于是，我们在研究的时候，就可以依据上述特征表现对景观中存在的基质、斑块、廊道进行区分。我们能够发现，基质与其余两者存在十分明显的区别，比如它在景观中占据着极为广阔的一部分，斑块与廊道只占据了较小的一部分。并且，基质的连续性会超过其他两种景观单元，因此许多景观的整体变化往往是由基质决定的。在实际操作中，准确地识别不同区域内存在的这三种景观单元有时会面临相当大的挑战。例如，在众多景观中，未出现足够明显的大面积土地利用类型或植被类型，并且在对景观单元进行区分的时候，总是会因为观测的尺度与角度等方面的不同而有不同的结果，所以这三种景观单元的区分条件并不绝对。

很多时候，我们能够基于孔隙度与边界形状等特征对基质的空间特征进行表述，孔隙度指的是存在于基质中的某一单位面积内的斑块数量，它是衡量景观斑块密度的标准，与斑块的大小并不存在直接关系。鉴于小斑块与大斑块之间差别明显，研究中通常要先对斑块面积进行分类，再计算各类斑块的孔隙度。基质的孔隙度具有生态意义。例如，针叶林基质内，田鼠经常出没在湿草地斑块上，在某些季节，田鼠会进入森林基质，啃食幼苗。当草地斑块的孔隙度较低时，田鼠对森林的影响很小，当孔隙度高时，田鼠危害则很大。孔隙度与边缘效应密切相关，对能流、物流和物种流有重要影响，对野生动物管理具有指导意义。由于景观单元间的边界可起过滤作用，所以边界形状对基质与斑块间的相互作用至关重要。两个物体间的相互作用与其公共界面成比例。如果周长与面积之比很小，边界接近圆形，有助于保护资源如能量、物质或生物。相反，如果周长与面积之比较大，那么回旋边界比较大，该系统的能量、物质和物种可以与外界环境进行大量交换。树枝状边界主要与物质运输相关，如铁路网络、河流等。上述基本原理说明，边界形状和景观单元之间通过流的输入、输出与其功能联系起来。

不同景观要素所形成的网络主要是依靠廊道完成勾连，其中最能够体现网络形态的就是树篱或者人工干预下栽种的林带。

一般而言，阐述网络所具备的空间特征的时候，可以抓住网络自身的连通性、交叉点和密度等因素。网络本身不但具备连通性，还能够发挥极强的隔离作用，能够更好地阻隔风沙、防治病虫害等。所以说，我们在进行乡村景观规划设计的时候，应当对这一特点格外注意，并做相应处理。

在景观设计中，网络将各种生态系统紧密地连在一起，这是最普遍的结构形式。网络功能的价值主要体现在以下两方面：其一，促使物种沿网络迁移；其二，深刻影响周边的景观基质和斑块群落。

在乡村景观中，从土地使用的视角来看，农用土地主要构成了景观的基础元素。由于各种不同的自然条件和经济活动，乡村的景观基础存在显著的差异。比如，南方常见的是水田，北方的则是旱田等。另外，景观本身受到尺度效应的影响，在不同的观测范围内，基质也会有一定的改变。比如，我们可以基于经济、文化等角度对乡村景观本身所包含的基质进行研究，之后就能够明显发现较为明显的区别。再比如，我们基于经济的视角研究，可以明显发现许多乡村地区已经完成了"工业化"的转变。而对乡土民居进行研究之后发现，现代的大部分乡村民居已经不再是以前的土坯房，此类例子数目众多。所以说，我们若是想要明晰乡村景观的基质，就需要确定具体的研究对象，并选择合适的区域尺度。

第四节 乡村景观的功能

何为景观功能，目前尚未有一个统一的说法。总体来说，乡村景观主要有以下三个层次的功能：第一层次功能为生物性生产功能，即提供农产品；第二层次功能为生态环境功能，即维持生态平衡；第三层次功能为美感效果、旅游观光功能，即旅游资源功能。

我们在对乡村进行景观规划的时候，务必重点表现上述三个层次的功能。另外，随着时代的发展，乡村景观规划不仅格外重视第一层次功能，也开始重点关注第二层次功能。

一、乡村景观的生产功能

乡村景观的生产功能主要指的是其物质生产能力，因为不同地区的乡村景观存在一定的差异，所以在物质生产能力的表现形式上也存在着不同。但是这些差异的存在并不会影响物质生产能力的本质特征，都是为了给生物提供生存所需的物质支持。我们通常情况下会将乡村景观所拥有的生产功能分为两大部分：一是乡村自然景观的生产功能，二是乡村农业景观的生产功能。

（一）乡村自然景观的生产功能

乡村自然景观所具备的生产能力是指自然植被所具备的净第一性生产力简称"NPP"（Ner Primary Productivity），也就是这些植被在规定区域、固定时间内积累的有机干物质，其中有植物的枝条、叶片、根茎等。NPP 反映着植物固定和转化光合作用产物的效率，也决定了可供利用的物质和能量。

（二）乡村农业景观的生产功能

1. 正向物质生产

乡村景观中的农业景观属于其核心部分。农业景观的诞生标志着人类在改变和管理自然景观方面有了长足的发展与显著的进步，它融合了自然景观和人为建筑景观的双重属性。其中不但存在种类丰富的自然界景观要素，也有着各式各样的人造建筑。而且，在乡村农业景观中，人们也开始对不同类型的植物进行定向的改造与培育，从而获得满足人类需求的新物种，进一步提升乡村农业景观的生产能力水平。所以说，对于乡村景观来说，最为关键的生产功能体现在农业土地的利用产出方面。

农业景观的生产功能可以用其生产潜力来表示，假设作物品种和田间管理处于最佳状态下，不考虑自然灾害等其他要素的影响，由光、热、水、肥4个因子所决定的作物产量的理论值，代表相应的农业景观生产潜力，即光合潜力、光温潜力、气候潜力和土地潜力。

2. 负向物质生产

近年来，人们一直在追求土地产出量的增加，于是逐渐舍弃了传统的耕种方式，开始大力倡导集约化土地管理，但是在这一过程中，化肥、农药开始过度使用，直接导致了极为严重的土地退化与环境污染。

（1）农药的污染

全世界已有农药1000种左右，农业上经常使用的农药有250种，其中，约有100种杀虫剂、50种除草剂、50种杀菌剂。喷洒的农药剂微粒飘浮在空中，只有极少量作用于害虫，有25%～50%降落在防治作物区域，直接留存在耕地周围的水与土壤当中，造成一定程度上的污染。另外，农药不仅对环境有影响，也会直接危害生物体的身体健康，比如农药会造成水体污染或是直接影响鸟类的繁殖成活率。

（2）化肥污染

农田所用的化肥，仅有部分为植物所利用。我国目前化肥的利用率约为30%，其余挥发进入大气或随水流进入土壤和水体。在耕地中长时间使用化肥会直接导致土壤退化，进而导致产出的农产品质量降低。除此之外，化肥进入水体之后，会直接导致当地的水体出现富营养化的情况，进而威胁水生生物的生命。

（3）农业废弃物的污染

一般而言，我们所说的农业废弃物就是秸秆、坏果、牲畜排泄物等，这些废弃物需要及时处理，以免污染环境或引发疫病。

二、乡村景观的生态功能

乡村景观所具备的生态功能能够发挥十分重要的作用，比如确保乡村生态环境的各项指标保持正常、维持长久的平衡与稳定，这些功能主要体现在乡村景观与"流"之间的相互影响上。风、水、火或人为产生的能流、物流经过景观的过程中，景观会发挥出传递和阻挡的双重作用。在景观中，廊道、屏障、网络这三种景观单元与"流"的传递有着紧密的联系。

（一）景观与能流、物流

一般"流"的产生是由于风、水、火等元素在景观中的移动，并且，"流"不仅可以在景观中传输，还能够扩散与积聚，在这一过程中，不同的"流"的方式会对景观产生各异的效果。为进一步提升景观的生产效率，需要增加景观的郁闭度，而要实现这一点，就需要有计划地完成植物的定植。除此之外，一些体型较大的生物也会通过踩踏对景观造成较为严重的影响，破坏该区域的生态系统。另外，台风、洪水等自然灾害也能够在极短的时间内影响原有景观的整体布局。

不管是能流还是物流，都会对景观造成一定程度上的破坏，也会对景观形态进行重新塑造，在此过程中，还会进一步丰富景观的功能，增强其稳定性。值得注意的是，现代社会人工形成的能流和物流，对景观的影响日益增长，对文明社会的发展起到巨大的推动作用，同时也产生一些负面效应，如固体废弃物流，如果得不到很好的处理将会污染环境，给乡村居民的生活带来危害。

（二）景观阻力

景观阻力就是景观结构特征施加给经过景观的能流、物流的影响，致使其流速出现一定程度上的改变。风通过景观遇到防护林，风的流向与速度均会发生变动。景观阻力来源于两个界面的不连续性，还取决于景观要素的适宜性和各景观要素的长度。

生物物种在利用景观这一方面呈现为一种相互竞争的关系，它们在不断克服景观阻力的前提下，对景观空间进行控制和覆盖。实际上，景观阻力的度量也可以看作一种经过变化的距离概念，可以借助以下两种形式对其加以表现，分别是潜在表面与趋势表面。

三、乡村景观的美学功能

一般而言，我们在对乡村景观所具备的美学功能进行分类的时候，主要分为两类，分别是乡村的自然景观的美学功能与乡村文化景观的美学功能。伴随着社会的飞速发展，越来越多的人生活在城市当中，生活空间狭窄、生活节奏快、生活环境差等因素极大地影响了城市中的人们的身体健康，越来越多的人开始渴望清新的空气、优美的自然风光，以慰藉自己的身体和心灵，所以，乡村生态旅游逐渐火爆。

（一）乡村自然景观的美学功能

自然界在无尽岁月里不断演化，为我们呈现了美轮美奂的自然景观，有着极高的美学价值。比如，湖南武陵源风景名胜区主要由张家界国家森林公园、索溪峪自然保护区、天子山自然保护区和杨家界景区组合而成，被称为自然的迷宫、地质的博物馆、森林的王国、植物的百花园、野生动物的乐园，是世界自然遗产、世界地质公园。武陵源地质构造复杂，地貌景观奇特，素有"奇峰三千、秀水八百"的美誉，区内景观造型之巧、意境之美，堪称大自然的"大手笔"，让人叹为观止。

自然界中存在的自然景观本身都有着极高的美学价值，要想发挥其中的美学功能，就需要结合人的文化，契合人的感受，使之与人的情感共鸣。为了满足人们对回归自然的渴望，我们就应当深入了解景观特性，结合实际需求，对其进行一定程度的改造，充分挖掘其旅游潜力。

（二）乡村文化景观的美学功能

1. 为人们提供历史见证

通常情况下，文化景观会直接在人类的影响下实现某些特定的物种、格局、过程的组合。需要明确的是，这一类被人直接影响的文化景观在稳定性上并不尽如人意，常常会出现损坏，为确保其稳定性、完整性，人们需要对其进行维护，它的存在也会为现代社会的我们呈现过去某一个历史时期的人类活动遗迹，为人类保存社会精神文化的相关信息，使得人们能够了解这些信息，并在之后利用自身知识，将其加工改造为适应现代社会的社会精神文化。

2. 为人们提供旅游资源

为有效促进乡村自然景观的价值增加，增加乡村的经济效益，需要积极开发其中的旅游资源。现如今我国较为火爆的景点大部分都是有着丰富人文历史的景观，只有很少一部分为单一的自然风光。泰山、华山、黄山等地吸引了众多游客，其中一个显著的原因是这些地方有数目众多、历史跨度较大的历史遗迹。文化景观的历史越古老，其稀缺性越高，所展现的价值也应随之增加。

3. 丰富人们的视野多样性

在客观存在的现实物质世界当中，景观类型极为多样，其中，文化景观是一种最新诞生的景观形态，能够有效促进景观类型的丰富，进而拓宽了人们的审美范围。我们对宗教文化景观进行研究，可以发现，其本身有着较为特殊的意义。一般而言，宗教文化景观相比于其他的文化景观，在意义上有所不同。且这些宗教文化景观在规划建设的时候，无论是建筑建造还是造像雕塑等方面都存在较为明显的差异化特征，也较为明确地展现了不同宗教的信仰、追求与世界观等。我国的园林艺术景观以其建筑别致、精巧，景色诗意、淡雅，气氛朦胧为特征，对今后的景观建筑的美学思想有着重大影响。

第五节　乡村景观动态变化及其演变模式

从岩石景观到原始森林景观，再到现代工业文明的社会和自然景观，地球经历了翻天覆地的变化。景观的变化受到各方面的影响，从最初的自然因素为主，到现在的自然和人为因素并重，景观演变成今天丰富多彩的世界，包含各种花草树木、河流、高山、动物和人类建筑物，大自然呈现出勃勃生机。虽然人类的干预给景观带来了正面的影响，但是也带来了巨大的副作用，比如龙卷风、沙尘暴、洪涝灾害、厄尔尼诺现象和温室效应等，这也是大自然给人类的警示。因此，对自然景观的改造和利用，一定要尊重自然规律，对人类的活动进行必要限制，有效保护自然环境，维持生态平衡，实现人类和自然的和谐共存。

一、景观的动态变化

景观的动态变化是景观遭受干扰而形成的，无论是自然作用还是人类活动引起的景观变化，都存在一些共同的特征，它对研究景观变化的规律具有重要意义。

（一）基本概念和判断标准

景观动态变化是一个复杂的多尺度的过程。景观变化是组成景观的各个要素在内部作用力与外部作用力相互作用下，在一定的时间和空间尺度内发生变化，从一种状态转变为另一种状态的过程。景观变化破坏了景观系统的稳定性，引起景观空间结构的改变。景观变化的程度和趋势决定于景观内部的结构与作用于景观之上的各种作用力，且可以通过区域土地利用格局变化的特征来反映。

有学者在判断景观是否发生变化时，主要通过两个标准来判定：一是从时间角度，把干扰间隔的时间与景观的恢复时间进行对比；二是从空间角度，把干扰的范围与景观的大小作对比。另外，还应从干扰的强度与景观受干扰区域的变化程度来对比分析。

某些学者认为，应当从以下三个方面对景观是否变化进行判定：其一，观察景观的基质是否变化；其二，在景观表面的占比当中，几种景观要素类型有无明显的波动；其三，在景观内部是否出现了新的景观要素类型，且已经覆盖了一定的区域。但是，以上标准只是一个概念框架，并没有指出具体的定量标准，在实际操作时还需要根据具体情况来分析。

（二）景观的抗性

景观受到外界干扰时，景观系统会产生抗性，使景观趋于原先状态或演变到另一种稳定状态。景观在受到外界干扰时，自身的恢复力和缓冲作用主要通过以下三种方式来实现：

第一，景观格局对生物量的空间变化起到决定作用，景观内部的异质性是系统具有的固有弹性，对外界起到缓冲作用。

第二，景观系统内部各种流（物流、能流和信息流）的流动使系统增强了对干扰的阻抗力和恢复景观原貌的能力。

第三，自然选择和适者生存即优胜劣汰这一生物进化法则使得受到干扰的景观元素增强了抗干扰的能力，并产生了有抗性的生物后代，使景观稳定下来并从干扰中恢复。

（三）景观动态变化的类型

对于景观动态变化可以从多个方面研究，例如斑块数量、分布格局、邻体概率、廊道宽度、基质的孔度、生物量的多少、网络的发展和生境多度等。无论采用哪种方法，究其实质，景观的变化都是取决于一定时间内，个别景观要素和景观空间结构的改变。根据学者对景观变化的判断标准的研究，景观动态变化分为以下三种典型类型：

第一，由于基质在景观动态变化中发挥了比其他景观要素更大的控制作用，所以一种类型的景观要素由于某种原因逐渐成为优势种从而取代了原来的景观要素，成为新的景观基质，导致景观基质的变化。

第二，在景观表面的占比上，有几种景观要素出现了显著的波动，并在一定程度上引动了景观内部的空间格局的变化，从而使景观的物流、能流和信息流有较大变化，使原景观逐渐呈现新的风貌。

第三，景观内出现了一种新的景观要素类型，其所占面积较大，已经影响到其他景观要素的分布格局。

二、乡村景观的演变模式

乡村景观演变模拟是指通过对乡村景观的过去、现状的分析，运用一定的模型来模拟未来变化趋势的过程。由于乡村景观演变包括乡村景观格局动态演变和乡村景观过程动态演变两个方面，因此，乡村景观演变的模拟需要从这两个方面来考虑。

乡村景观空间格局演变是指乡村景观中一些直观的指标，如斑块数量、大小、密度、形状和廊道的数量、密度以及景观要素的布局等的变化情况。乡村景观过程动态演变是指在外界干扰下，景观中物种的扩散、能量的流动和物质运移等变化情况，它一般涉及系统的输入流、流的传输率和系统的吸收率、系统的输出率和能量的分配等。景观空间格局影响能量、物质以及生物在景观中的运动，例如景观空间格局可影响地表径流和氮素循环，并可影响到水资源的质量。

许多湖泊富营养化和河流水质污染都是景观格局、生态系统过程和干扰相互作用的结果。乡村景观的动态模拟是通过建立模型来实现的，构建模型首先得了解乡村景观演变的机制和过程，它至少包括以下几方面：

（一）乡村景观的现状特征

景观演变的动态模拟，需要分析景观的现状特征，用来同以后的景观作比较。但事实上任何景观都是文化的景观，都保留着过去管理的痕迹并体现当今的实践活动。

（二）乡村景观演变的方向

景观演变的方向揭示了景观变化的大量信息。这种方法已经用于植物演替的排序研究。尽管单纯的演变方向并不能提供景观变化更详细的信息，但它们却总结了历史的变化趋势。这种时间的变化可以在各种空间尺度上反映。

（三）乡村景观演变的速度

景观演变的速度非常重要。非常快的演变速度可能使当地和区域的物种灭亡，改变区域的生物多样性。演变速度可以从演变的方向进行估计（如演替中斑块之间的距离大意味着演变速度大，斑块间的距离小意味着演变速度小），或根据一段时间的损失来计算。

（四）乡村景观演变的可预测性

人类活动与自然之间的相互作用形成了特定的景观构型和特性，如农业的发展不可避免地使农作物代替了原始的植被，形成了农业景观的基础结构。乡村景观的变化既可能是乡村景观的整体变化，又可能是乡村景观的局部变化，也可能是景观中关键物种的变化。通过对乡村景观动态变化的研究，可以实现对乡村景观演变的模拟和预测。

（五）乡村景观演变的可能性和程度

在某种外界条件变化下，乡村景观是否发生了变化？从一种类型的乡村景观到另一种类型的乡村景观的改变程度有多大？在某些特定区域范围内，只能是自然植被向城市发展的景观演变，而城市景观不可能向相反的方向演变，但农作物、草地以及自然植被之间的相互转化都在进行。

考虑好以上几方面之后，就可以模拟乡村景观的演变过程了，下面进行简要分析：

第一，收集资料。

航空相片是景观演变模拟中使用很广的数据来源，根据它可以直接得到土地利用类型和景观变化率。但是航空相片有一些缺点：首先航空相片包容的信息有限，不包括一些景观演变的过程量；其次，航空相片质量可能使一些景观类型的区分受到限制；最后，航空相片的解译费时烦琐。

利用遥感卫星可以提供非常有用的数字数据，它的连续性是以前的航空相片不能相比的。连续的空间数据（月或年）可以用来估计不同土地利用类型之间的转化。新的卫星（如SPOT）提高了分辨率，越来越得到研究者的青睐，最引人注目的是NASA实验的AIS数据。这些数据不仅提供了转移概率，也揭示了某些隐形的景观过程的变化。另外，统计部门的统计资料是航空相片和卫星遥感图像的有益补充。

第二，建立景观分类系统。

在乡村景观演变模拟之前必须建立乡村景观分类系统。与不同的数据来源和技术手段相适应的分类系统不同，一个分类系统不应该受某一特定技术的限制。

第三，构建演变模型。

在景观分类系统的基础上，运用地理信息系统，根据研究区的特点构建相关的演变模型。建立模型这一阶段包括选用适当的数学方法，确定变量之间的函数关系，估计参数值，编写计算机程序，确定模拟的时间步长以及运转模型，并获得最初结果。

第四，模型的检验。

模型检验包括模型确认和模型验证。模型确认是指仔细检查数学公式和计算机程序以确保没有运算技术方面问题的过程。也就是说，模型确认的目的是保证概念模型的数量化是直接和确切的，排除计算机程序中影响模型结果的错误。

第五，演变分析。

这一阶段包括设计和执行模拟实验，分析综合和解释模型结果，最后根据构建的演变模型结合研究区的实际情况，运行演变模型得出研究区的演变模式，并分析其原因，提出相关的建议。

总而言之，乡村景观格局的演变和城市化进程是密不可分的。以我国为例，在城市化进程中，乡村地区也随之发生了各种变化。在此基础上，乡村景观格局的演变也逐渐显现出来。

早期的乡村景观格局，以传统农村的小村庄为主。这些小村庄基本上是呈环状布局的，村庄的中央是庙堂和广场，周边是一些农田和庭院。这种布局模式在农村地区得到了广泛的应用，但同时也限制了村庄的发展。

随着人口的不断增长和城市化进程的加速，乡村景观格局面临了更大的挑战。为促进乡村地区的经济发展，需要坚持景观创新，现如今的乡村景观建设绝对不能只关注当地的经济发展，还需要重点关注传统文化的传承，在实现乡村现代化的基础上，保护当地的传统人居环境，传承当地的文脉，协调创新发展与传统传承之间的关系。

第二章 乡村景观规划与设计的基本原理和方法

本章主要讲述乡村景观规划与设计的基本原理和方法，从四个方面展开叙述，分别是乡村景观规划与设计的一般原理、乡村景观规划与设计的目标与原则、乡村景观规划与设计的一般程序和乡村景观规划与设计的方法论。

第一节　乡村景观规划与设计的一般原理

一般而言，乡村景观规划设计就是对当地各种类型的景观要素根据人类审美进行排列与组合，实现合理化的空间布局设计，使得各要素之间和谐统一。乡村景观规划设计的根本目的是促使乡村景观充分展现出自身具备的服务、生态、文化、审美等方面的功能。另外，结合现阶段我国乡村景观的具体情况，为了更好地实现我国所确定的乡村景观规划设计的各项目标要求，在这规划过程当中，需要采纳的核心原理主要集中在以下四个方面：

一、景观生态学的相关原理

景观生态学本身是作为一门综合性的学科存在的，其主要研究的内容是景观单元的种类组成、空间布局，以及景观单元与生态学过程的相互影响。研究景观生态学的一个核心目标就是探究景观单元的空间结构究竟通过怎样的方式对生态学过程产生影响。乡村景观规划十分重视人与自然之间的和谐关系，并且密切关注在景观规划设计完成之后的生态变化，并将对应的生态学影响作为评估相应的景观规划的关键标准。所以说，景观生态学为乡村景观的规划和设计奠定了坚实的理论基础。另外，景观生态学也使得乡村景观的规划和设计获得了一套完整的方法、工具以及足够丰富的参考资料。

（一）景观格局原理

景观的整体格局与生态学的过程、区域的功能有着紧密的联系。景观格局是指景观自身所具备的空间上的结构特点，其中不但有景观单元的多样性，也有其在空间上的配置。乡村景观的规划可以在合理地调整景观格局的前提下，使不同景观单元间的生态过程相互关联，也能够进一步促进整个景观系统功能优化。一般而言，景观格局调整，主要指的是对景观中的不同景观单元，例如斑块、廊道进行调整与规划，之后我们将进行深入阐述。

1.斑块的基本功能原理

在景观格局当中，斑块能够在很大程度上影响景观的功能，也能够影响生态学进程。一般认为，景观中斑块的面积会直接影响此地的生物多样性，二者呈正相关。斑块常常会有大小之分，大的斑块能够在一定程度上保护其所处地域的地下蓄水层，也能够维护地面上水体的水质，可以确保对生态环境敏感的生物繁衍生息，甚至还能够向外提供优质种源。相比之下，小斑块的主要作用就是促进物种的传播，也能够为部分小型生物种群或是边缘种提供满足生存需要的生态环境，也能够作为某些局部灭绝后的生物重新定居的基础。

对于生态系统来说，自身的运作会在很大程度上被斑块的结构特性影响，一般情况下，这些影响会涉及生态系统的养分循环与水土流失等方面。

斑块自身的形状会在一定程度上影响景观的生态功能和过程。自然形成的斑块大多数为不规则的形状，比较松散。而人工制造的斑块多为规则状的，也比较紧密。研究发现，形状规则且紧密的斑块在能量保存、养分存储等方面更有优势，不规则的松散型斑块在与外界环境交流方面更有优势。

景观当中存在的斑块数量会在很大程度上对景观格局的生态过程产生影响，一般而言，斑块数量增多，动物栖息地的数量就会随之减少，其中生活的物种也就减少。要想确保某一物种不会消亡，需要最少为其提供两个大的自然斑块，而为了确保某一物种能够长时间保持健康的生存状态，就需要为其提供4~5个相似的斑块。在斑块以某些物种的栖息地作为主要表现形态出现的时候，需要深入研究斑块自身的特性并重点关注其在整体景观结构中的位置，通过选择并控制关键位置，极大地影响生态过程。

2. 廊道的基本功能原理

廊道在景观格局中起着非常重要的作用，按照其主要功能，可以归结为四个方面：

第一，作为生境形式，如河边生态系统和防护林带。

第二，作为传输的通道，如动物迁徙通道以及道路的通行功能等。

第三，具有过滤与阻抑制的作用，如道路、防风林道及其他植被廊道对能量、物质和生物（个体）流在穿越时的过滤和阻截作用。

第四，作为能量、物质和生物的源和汇，影响着区域小气候特征。

廊道所具有的基本功能，决定了其在景观格局中的作用和地位，在景观改变中，对廊道的建设和保护应予以充分的重视，考虑的因素包括以下四个方面：

（1）廊道的连续性

因廊道自身拥有的连续性，在一定程度上促使那些因为人类活动而被分割的自然景观得以连通，从而更好地实现物种的空间运动和孤立斑块内各种生物的生存繁衍。此外，为了更好地方便人们的生产与生活，各种用于生产和生活运输的通道需要始终保持连续性。我们必须认识到，廊道本身也属于一种相当危险的景观结构，比如，在连接不同的斑块的时候，可能会在物种的迁移过程当中给当前斑块中的物种引入天敌，进而导致其生存受到严重威胁。另外，那些满足人类生产与生活的运输通道可能会妨碍生物的迁徙。所以，在景观规划设计之初，不仅要实地考察，还需要基于各种实际情况而对将要建设的廊道进行改造。

（2）廊道的数目

只要能够保证廊道的存在不会威胁生物的生存繁衍与迁徙，就可以最大量地建造廊道，廊道存在的目的是确保物种交流。另外，若是廊道本身有着十分重要的生产意义，但是可能会影响物种生存的生态环境，这时候就需要选择对廊道进行改进，在满足人类的生产与生活的需求的前提下，确保廊道的存在不会对物种造成过多负面影响。

（3）廊道的构成

廊道的构成指的就是廊道中的生物构成。各斑块连接的廊道中的植物大多数是当地的乡土植物，且这些植物的种类与周围斑块的植物种类无甚区别。满足人类生产与生活的交通运输廊道两侧种植有乡土植物，可以有效防止外来植物的入侵。

（4）廊道的宽度

如果要实现各生物在廊道中的顺畅迁徙，就需要依据生物的体型确定廊道的宽度，比如，供小型动物迁徙的廊道可以是1000～2000米，供大型动物迁徙的廊道宽度需要10千米至几十千米。

（二）景观结构原理

1.景观阻力原理

景观阻力指的是景观对生态流的速率所施加的影响。景观阻力产生的根本原因在于景观元素在空间分布上呈现出异质性的特征。随着生态流穿越不同景观界限的次数和长度的逐渐增长,景观阻力也在不断增长。景观所具备的异质性的特征,使得各种景观阻力不断出现,与此同时,伴随着景观的异质性增大,景观阻力也在变大。

2. 景观质地原理

在景观当中,景观质地粗细各异,大斑块与小斑块按照一定的比例合理分布,可以确保彼此之间互相作用,实现功能上的互补。景观质地的粗细可以通过景观内存在的各类斑块的平均直径加以测定。粗质地的景观当中,水源充足、物种数量众多,也会存在大型工业、农田等斑块,景观的多样性不足,很难保障对两个生境有绝对需求的物种的生息与繁衍。对于那些细质地的景观来说,自身在某些地方可以与周边的景观形成对比,进而丰富自身多样性,但在更宏观的景观尺度上,可以发现其中的物种多样性依旧匮乏。

(三)集中与分散原理

在乡村景观规划中,集中与分散原理被视为极为关键的理论。简单来说,就是在进行景观规划的时候,需要对当地的地块进行合理化的生态配置,使得各地块可以通过集中布局实现有效利用,并在这一条件之下,对景观中的各个小型的斑块与不同斑块之间廊道进行合理布局。对土地进行集中布局,能够使得该地的景观结构保持稳定,以便更好地保护当地的生物种群,并实现可持续发展。另外,小斑块与廊道的存在也能够在一定程度上保护景观内部的物种多样性,有更大的余地抵抗外界的干扰,降低自身面临的种种风险。总而言之,景观中合理应用集中与分散原理可以在很大程度上保护景观内部的生物多样性,也能够在一定程度上为人类活动的规划提供便利,这是一种常见于乡村景观空间布局的策略。

(四)景观安全格局原理

此原理指在确保不会严重干扰周围的自然生态环境的前提下开展景观设计工作,以便对其中的种种景观元素进行一定程度上的改变。面对存在于自然生态环境中的景观,若要对其进行维护与改变,就需要先深入了解该景观的形成原因、运行特征等,明确其在整体的自然生态环境中发挥的功能与作用,并坚持对存在于景观中的各景观单元进行针对性的保护。若要对需要保护的景观的所有功能特性进行保护并不现实,毕竟土地并不充裕且并没有必要对过多的土地进行维护,所以需要有选择性地对景观中的特定过程进行改变。

为了更好地解决上述问题，景观安全格局的相关理论与实用方法应运而生。这一理论十分重视对基于不同的层次对景观内部的某一个关键性节点进行维护，景观安全格局可以分类为生态安全格局、视觉安全格局、文化安全格局等。通过对景观或特定区域的主导景观过程深入分析，我们能够对景观安全格局进行详细的研究并基于研究结果进行合理设计。通常情况下，需要先明确安全指标才能够对景观安全格局加以确定。

二、产业布局原理

区域经济学不仅要研究生产什么、生产多少和为谁生产等一般社会经济问题，而且更关注经济和生产活动的空间问题。而区位理论是区域经济学和产业布局理论的核心内容之一。所谓区位即为某一主体或事物所占据的场所，是自然地理条件、经济区位和交通区位在空间地域上的具体表现。区位理论是乡村景观功能布局和规划的重要依据之一。

（一）农业区位论

农业区位论的创始人冯·屠能在1826年发表的《孤立国》中，阐述了农业土地利用的布局思想。冯·屠能在进行基本经济分析时，对孤立国进行了几条假设：即将仅有的一个城市安排在中间，之后对农业土地的经营模式和农业部门的地理分布以城市为中心按照运往城市的运费多少进行合理设置；同时，在"孤立国"书中，物价、工资、利息等始终保持均等；农业区内土地均质，适宜农牧业的发展，农业区外为荒地，只宜于狩猎；交通费用与市场距离呈反比等。在上述假设的基础上，冯·屠能分析了农业土地利用布局特征，提出了著名的农业圈层理论（屠能圈），即将遐想国孤立国划分成6个围绕城市中心呈向心环带的农业圈层，每一圈都具有特定的农作制度。

第一圈层为自由农作圈，为距离城市（或消费中心）最近的圈层，主要提供容易腐烂且难以运输的农产品，如鲜花、蔬菜、水果、牛奶等，经营特点为高度集约经营；第二圈层为林业圈，为城市居民提供薪炭以及建筑和家具等用材；第三圈层为轮作农业圈，主要提供谷物，谷物和饲料作物轮作，没有休闲地，农作比较集约，地力消耗严重；第四圈层为谷田轮作层，主要提供谷物和畜产品，谷物、牧草和休闲地轮作，经营比较粗放，是圈层中面积最大的一个；第五圈层为三圈式轮作层，即谷物—牧草—休闲各 1/3，为谷物种植的最外层，主要提供畜产品为主，耕作粗放；第六圈层为畜牧圈，大量的土地用来放牧或种植牧草，为城市居民提供牲畜和奶酪，所种植的谷物仅是满足农民自己食用，不提供给市场。

由于屠能圈为理想状态下的圈层分布，如自然条件一致，只有一个城市中心（或消费中心）等，这种情况在现实世界中并不存在，如假设条件中的一种条件或多种条件发生变化，农业土地利用布局所表现的圈层结构就会发生很大的变化。比如，由于交通和技术条件的变化，园艺和蔬菜用地可以远离城市中心，而让位于其他土地收益比较高的土地利用方式等。尽管如此，冯·屠能的农业区位理论从本质上揭示了农业土地利用的本质，揭示了农业土地利用布局与离居民点和交通要道的距离关系，和种植该作物的土地收益和集约利用状况的关系，对于指导乡村土地利用结构布局和景观规划具有指导意义。

（二）工业区位理论

工业区位理论奠基人阿尔弗雷得·韦伯（Alfred Weber，德国经济学家）在 1909 年发表的《工业区位论》中探讨了工业区位的相应理论。相应地，他提出了 3 个重要的工业区位论法则，即运输区位法则、劳动力区位法则和集聚法则。

1. 运输区位法则

运输区位法则认为，企业生产成本的最低的地点是运费最少的地点，工业的最佳区位是由原料、燃料和消费地的分布所决定的运输费用所决定的。当三者分布重合时，最佳工业区位为三者的重合点，若是原料及加工能源的产地与消费地在地域上有一定的距离，那么工业区位就会呈现为一个多边形，与此同时，在这一多边形内，企业根据最低运费就能找到多边形内最好的区位点。

2. 劳动力区位法则

在劳动力区位法则当中，整体运费与劳动力的费用支出之间存在博弈，若是运费比劳动力的费用支出更少，那么企业在进行区位选择的时候，将会放弃运费最低的地方，转而选择劳动力费用支出最低的地方。

3. 集聚法则

在集聚法则当中，若是一个企业因选择集聚而节省的资金在一定程度上超过了选择最低运输费或是最低劳动力支出的地方的资金支出，那么该企业在进行区位选择的时候就只需要依据集聚因素选择。

阿尔弗雷得·韦伯的工业区位理论是建立在运输费用的基础上，运用纯经济区位分析，推导出工业区位模式的，尽管对现代工业区位模式，特别是对现代我国乡村工业化的区位模式具有一定的实践意义，但由于其排除了特定社会制度和自然背景下的非经济因素对工业布局的影响，而且仅从单个企业的费用发生行为确定其区位点，对于指导区域性的工业布局具有明显的局限性。

（三）中心地理论

德国地理学家克里斯塔勒（Wakter Christaller）在1933年出版的《德国南部的中心地》一书中，系统地阐明了中心地的数量、规模和分布模式，建立了中心地理论。中心地理论是近代区位论的核心部分。中心地理论认为，所谓的中心地是指区域内向其周围地域居民点居民提供各种货物和服务的中心居民点，其职能以商业、服务业方面的活动为主，同时还包括社会、文化等方面的活动，不包括中心地的制造业方面的活动。中心地职能的作用大小可用"中心性"或"中心度"来衡量。所谓的"中心性"或"中心度"可以理解为一个中心地对周围地区的影响程度，或中心地职能的空间大小。

中心地理论认为，中心地在空间上遵循等级序列的规律，在一定区域内，中心居民点作为中心地向周围地区提供商品和服务，其规模和级别与它的服务半径为正相关，但是与它的数量的多少以反比的状态呈现。一个高级的中心地会下辖多个稍低级的中心地。在各方面条件都遂人愿的情况下，中心地这一模式主要表现为在一个平坦的区域，任何地方的自然环境、资源配置和人口分布都是均等的，人们对于知识与技能的掌握无甚区别，且彼此收入均等，另外，按照就近购物的原则，它们在区域内的最初分布也没有差别，服务半径是圆形的。在非理想的情况下，对于市场影响显著的区域，中心地分布可以根据最有利于物质销售的原则，形成合理的市场区域。在服务能力上，高级中心地能够影响自身周围的6个稍低等的中心地，其市场覆盖的范围等同于3个稍低等中心地。于是，我们可以假设

K 代表的是更高级别中心地控制的稍低级别中心地市场的数量，那么这就形成了 K=3 的中心地的空间等级结构。对于行政管理起主导作用的地区，按照便于管理和市场区不分割行政区的基本原则，中心地体系在空间上呈现 K=7 的中心地等级序列模式，即高一级的中心地相当于 7 个次一级中心地，中心地呈现巢状化的空间分布模式。这种中心地体系，是一种自给自足的封闭体系，居民购物的出行距离最长，交通系统也最不方便。

中心地理论提出了在不同作用机制下中心地等级序列的空间分布理想模式，为研究中心地的空间分布模式和相关的经济和市场行为提供了理论基础和依据，并为不同等级中心地的空间配置提供了理论参考，目前已经被广泛地应用到城乡居民点体系和土地利用规划中。尽管如此，中心地理论还有许多缺陷，如中心地理论假设了许多前提条件，而且没有考虑社会方面的因素，以及城乡居民点的历史演变过程和未来发展趋势，所提出的中心地等级序列模式是一种比较理想的状态，实际上很难实现其提出的中心地空间模式。如在经济不发达的地区，由于居民收入低，交通通勤半径小，如果要使居民在所承受的交通费用条件下能得到服务，就得缩短中心地间的距离，这样中心地的数目要相应地增加；相反，经济发达的平原地区，因收入高，交通通勤半径大，中心地的数目将相应地减少，在上述情况下，中心地体系将不似中心地理论所推导的是一个完整有序的等级结构。

（四）市场区位理论

德国经济学家勒施（August Losch）在 1939 年出版的《经济的空间秩序》一书中，发展了克氏中心地理论，系统地建立了市场区位理论。市场区位理论认为，由于产品的价格随距离增大而增大（产地价格加运费），造成需求量的递减，因而单个企业的市场区最初是以产地为圆心，以最大销售距离为半径的圆形。通过自由竞争，圆形市场被挤压，最后形成了六边形产业市场区，构成整个区域以六边形地域为单元的市场网络。

市场网络在竞争中不断调整，会出现两种地域的分异，即在各市场区的集结点随着总需求的滚动增大逐步形成一个大城市，而且所有的市场网又都交织在大城市周围；在大城市形成后，交通线将发挥重要的作用，距交通线近的扇面具有有利条件，而距交通线远的扇面则不利，工商业配置大为减少，形成了近郊经济密度的稠密区和稀疏区，从整体上构成了一个广阔地域范围内的经济景观。

（五）区域经济模型

根据现代区位理论的研究成果，区位是在自然、社会、经济和技术，乃至人文等诸多方面的因素综合影响下形成的。因此，现代区位理论认为，产业分布作为社会生产力运动的空间形式，表现为生产要素在区域间的组合、资源要素的流动与配置、产业的崛起与成长、产业群体的聚集与扩散等众多方面。在经济发展过程中，由于不同经济区域所拥有的静态资源（如矿产等）和动态资源（如资金和技术等）不同，形成了不同区域经济优势的差异。在生产力水平低、技术利用程度不高的时期，拥有充裕静态资源的区域占有较大的优势，人们可以通过粗放的经营方式开发利用这类资源，较快地建立相应的产业，取得先期效益。但是，随着经济发展、技术进步、制度与组织创新和贸易的发展，各区域的资源要素的区位成本和相对优势发生转移。产业的聚集与扩散是现代产业经济活动在空间结构上的对立统一。在宏观上，产业聚集和扩散相互依存、相互制约、循环演变、交替发展。在"聚集—扩散—再聚集—再扩散"的演变链中，聚集因素起主导作用，但由于过度聚集引起的负效应，以及技术进步所引起的扩散成本大幅度降低，过度聚集会走向分散，这种扩散主要呈现出一种梯度扩散模式。从总体趋势上看，广大的乡村地区将承接这种产业扩散，对于带动城乡经济的一体化发展极为有利，但必须密切注意产业向乡村地区扩散过程中所带来的诸如景观破坏、生态恶化的负面效应，需要谋求一条乡村可持续发展之路。

三、可持续发展原理

在乡村景观规划当中一直以来提倡的可持续发展的理念主要是为了更好地管理规划景观内部的各类资源。换言之，就是采取合适的方法对景观内部的各类资源进行保护，以确保其中的资源在被合理利用一部分之后，新增长的资源数量能够与消耗的资源数量等同或超出。在确定可持续发展这一理念可行之后，这一理念也出现在了农业、生物圈等环境中，且可持续发展的应用对象也不再只是资源。

相比于传统的资源开发的理念，现阶段奉行的可持续发展的理念主要表现以下几个方面的特点：其一，格外关注生产中造成的环境资源破坏；其二，重视长远利益，将自身造成的环境资源破坏情况也归入自身支出的经济成本中；其三，始终坚持人与自然的和谐相处；其四，在不耽误生产的前提下，坚持环境保护，寻找供求平衡的可行性策略。

因此，从总体上来讲，可持续发展理念从环境和自然资源角度提出了关于人类长期发展的战略和模式，它不是一般意义上所指出的一个发展进程在时间上连续运行、不被中断，而是特别指出环境和自然资源的长期承载能力对发展进程的重要性，以及发展对提高生活质量的重要性。可持续发展理念从理论上结束了长期以来把发展经济同保护环境与资源相互对立起来的错误发展思路，明确指出了经济发展与资源和环境保护是相互联系、互为因果的。

1. 公平性原则

首先是横向公平，确保在可持续发展的理念应用下，能够满足所有人的根本需求与追求美好生活的愿望；其次是代际公平，也就是说在保证自身这一代人的美好生活的前提下不能严重损害后代人赖以生存的环境与资源；最后是对已经探明的有效的生存资源应当进行合理的分配。

2. 可持续性原则

简单来说，可持续发展理念中的可持续就是要保证自然环境中的各种资源能够长长久久地服务于人类的生存和发展，不能因为当代人的贪婪而使资源短缺，进而影响后代生存。可持续性原则强调，在使用有机生态系统抑或其他可再生资源的时候，必须确保相应损耗维持在其可再生能力范围内，做到可持续地利用资源，并对各类资源进行保护。

3. 多样性原则

第一，从自然的角度出发对生物的多样性进行保护。若要对生物多样性进行保护，就需要重视景观多样性、物种多样性和基因多样性的保护工作，三者相辅相成、相互联系。第二，保存社会和文化的多样性。目前，社会经济发展正朝着趋同性方向发展，对文化、风俗的保护提出了严峻的挑战，保护和维持社会、文化、风俗等多样性已经成为可持续发展中的重要内容。

4. 协调性原则

从一定程度上来讲，可持续发展的根本目的就是实现人与自然以及人与人之间的协调。并且，人们认为协调性原则是实现可持续发展需要遵守的一条重要的原则。选择可持续发展模式，必须综合考虑各方面的因素，在注重经济快速发展的同时，必须对自然和环境予以充分的考虑，使经济发展和资源保护的关系始终处于平衡或协调状态，也就是说要协调好人与自然的关系。

5. 社会可接受性原则

社会可接受性是对评估发展策略能否成功执行的关键指标。任何不切实际的发展策略都不会被人们接受，也不会得到推行。确保可持续发展社会可接受性的关键在于鼓励公众的广泛参与，这已经成为可持续发展战略制定和实施中的一个重要策略。公众、团体和组织参与的方式和参与的程度，将决定可持续发展目标实现的进程。可持续发展的公众参与作用巨大，一是公众参与可以确保可持续发展的公平性，以及得到公众的广泛认同，并使公众积极地参与到可持续发展战略的有关行动和项目中去；二是可促进公众改变自己的思想，建立可持续发展的观念，使自己的行为方式符合可持续发展的要求。

四、景观美学原理

（一）一般美学原则

1. 均衡原则

均衡是一种存在于一切造型艺术中的普遍特性，它创造了宁静，防止了混乱和不稳定，具有一种无形的控制力，给人以安定而舒适的感受。人们通过视觉均衡感可以获得心理平衡，而均衡感的产生来自均衡中心的确定和其他因素对中心的呼应。由于均衡中心具有不可替代的控制和组织作用，在乡村景观规划设计上必须强调这一点，只有当均衡中心建立起了一目了然的优势地位，所有的构成要素才会建立起相应的对应关系。

2. 韵律原则

韵律是指乡村景观元素有规律重复的一种属性，由此可以产生强烈的方向感和运动感，引导人们的视线与行走方向，使人们不仅产生连续感，而且期待着连续感所带来的惊喜。在乡村景观中，韵律由非常具体的景观要素所组成，它是把任何一种片段感受加以图案化的最可靠的手段之一，它可将众多景观要素组织起来并加以简化，从而使人们"记忆"，产生视觉上的运动节奏。具有韵律感的组合对人们的视线及活动具有较大的引导力。

3. 比例原则

比例是指存在于整体与局部之间的合乎逻辑的关系，是一种用于协调尺寸关系的手段，强调的是整体与部分、部分与部分的相互关系。当一个乡村景观构图在整体和部分尺寸之间能够找到相同的比值关系时，便可产生和谐、协调的视觉形象。在造型艺术中，最经典的比例是黄金分割，即整体边长与局部边长比为1：0.618。在景观空间规划设计中，常用多种方式处理景观要素的比例问题，其中最为常用的一种是用圆形、正三角形、正方形等几何图形的简明又肯定的比例关系，调整和控制景观空间的外轮廓线以及各部分主要分割线的控制点，使整体与局部之间建立起协调、匀称、统一的比例关系。

（二）自然景观的美学特征

从一定程度上来讲，任何一种自然景观都有潜在的美学价值，只要与人（个人和群体）的感应"相谐"或者与人的文化"相融"，其美学价值就能充分地表现出来。自然景观具有如下特征：

第一，合适的空间尺度。

第二，景观结构的适量有序化（有序化是对景观要素组合关系和人类认知的一种表达，适量的有序化而不要太规整，可使得景观生动）。

第三，多样性和变化性，即景观类型的多样性和时空动态的变化性。

第四，清洁性，即景观系统的清新、洁净和健康。

第五，安静性，即景观的静谧、幽美。

第六，运动性，包括景观的可达性和生物在其中的自由移动。

第七，持续性和自然性。

随着工业、能源、交通等事业的迅速发展，景观资源同其他自然资源一样，遭到严重的破坏；环境的视觉污染也与环境的其他污染一样，越来越严重地威胁着人们的身心健康。随着人类对其居住环境质量越发重视，人们对景观资源保护和防治视觉污染的意识水平越来越高。

（三）人文景观的美学特征

人文景观是人类的精神、价值和美学观念叠加在自然景观上的结果，它反映了人与自然环境之间的相互作用，是既可认知又不可认知的复杂现象。人文景观通常是由细粒斑块镶嵌而成，结构复杂。在细小的斑块内，许多自然形态的林地、草地已完全地方化，并被多种方式利用，在不知不觉中渗透了当地的文化和历史内涵。

第二节 乡村景观规划与设计的目标和原则

一、乡村景观规划设计的目标

乡村景观是具有特定景观行为、形态和内涵的景观类型，是聚落形态由分散的农舍到能够提供生产和生活服务功能的集镇所代表的区域，是土地利用相对粗放、人口密度较小，具有明显田园特征的地区。乡村景观规划是运用景观学原理，解决景观上的经济、生态和文化问题的实践研究。乡村景观资源具有效用性和稀缺性，稀缺性要求在景观利用与预定目标之间建立协调的作用机制。从一定意义上来讲，乡村景观规划就是在认识和理解乡村景观特征和价值的基础上，通过规划减少人类对环境影响的不确定性，并依据乡村自然景观特征，结合地方文化景观和经济景观的发展过程，将自然环境、经济和社会作为高度统一的复合景观系统，根据自然景观的适宜性、功能性和生态特性，经济景观的合理性及社会景观的文化性和继承性，以资源的合理、高效利用为出发点，以景观保护为前提，合理规划和设计乡村景观区内的各种景观要素和人为活动，在景观保护与经济发展之间建立可持续的发展模式，使景观结构、景观格局与各种生态过程以及人类生活、生产活动互利共生、协调发展。因此，优化整合乡村群落的自然生态环境、农业生产活动和生活聚居建筑三大系统，协调各系统之间的关系，实现乡村经济社会可持续发展是乡村景观规划设计的基本目标。

二、乡村景观规划设计的原则

（一）乡村景观经济和生产功能最大原则

乡村是重要的经济地域单元，它承载着农村经济的发展。在不同社会经济发展阶段，乡村的形态不同，经济地域的社会功能不同，所造成的乡村景观资源利用方式和人对自然的认知程度也不同。总体而言，受农业技术、自然条件、自然资源禀赋、经济发展程度以及文化、风俗等多种因素的制约，农村经济的粗放性和低效性一直是乡村经济发展的制约因素。目前，农业土地利用仍是乡村经济的主体，在乡村景观规划设计中，必须维持农业土地利用的完整性，促进高效人工生态系统建设，强化乡村景观资源的农业生产功能。同时，面向未来，面向社会主义新农村建设，优化乡村交通廊道设计，大力发展乡村工业，建立乡村物流中心，促进乡村生产物资和商品流通，在保护乡村环境的条件下，全面推进乡村经济社会的可持续发展，是乡村景观规划设计中必须坚持的基本原则和出发点。

（二）保存和维护生物和景观多样性原则

乡村地域是生物和景观丰富的区域，依据独立景观形态分类，乡村景观类型包括乡村聚落景观、网络景观、农耕景观、休闲景观、遗产保护景观、野生地域景观、湿地景观、林地景观、旷野景观、工业景观和养殖景观十一大类。乡村景观具有多样性特征，是生物和景观（含自然景观和人文景观）多样性保护的主要场所。在乡村景观改造和规划设计中，保存、维护文化与自然景观的完整性和多样性，保持、强化乡村景观的生态、文化和美学功能，是必须坚持的一条基本原则。

（三）乡村景观资源可持续利用原则

乡村是土地资源、矿产资源和动植物资源的重要载体。纵观我国乡村经济社会发展历程，由于各个历史时期的人口、经济、社会和技术条件的制约，偏重于资源的粗放型开发利用，如陡坡地开荒、围湖造田、草地过度放牧、森林砍伐等，乡村资源与环境遭到极大的破坏，水土资源退化，生物和景观多样性丧失严重，所有这些都严重威胁了乡村经济社会的可持续发展。善待自然与环境，规范人类资源开发行为，实现乡村景观资源的可持续利用，是乡村景观规划的一项重要任务和原则。

（四）乡村景观更新公众参与和经济可行性原则

乡村景观更新的主体是当地居民，而且乡村景观更新利益主体也是当地居民，任何乡村景观更新计划都必须在当地居民的认同下，方能顺利实施。从这一点出发，一方面乡村景观规划设计必须在景观规划师、当地政府和居民相互沟通、协调下完成，仅凭规划师在理论上对乡村景观的分析和规划设计，方案往往得不到当地居民的认同，而不能付诸实践。因此，乡村景观规划设计必须在公众参与下完成。另一方面，由于乡村经济比较落后，在乡村景观更新和景观规划设计中，必须强调用最少的人工、资金投入来保护自然生态环境，改善乡村人居环境。

第三节　乡村景观规划与设计的一般程序

一、确定乡村景观规划范围，明确规划任务

根据乡村景观的基本特征以及景观规划的完整性和一体性，对县级建制镇以下的广大农村区域所作的景观规划皆属于乡村景观规划的范畴，其具体范围一般为行政管辖区域，也可根据实际情况，以流域和特定区域作为规划范围。按照规划任务可以分成以下六类：

第一，乡村景观综合规划设计。

第二，以自然资源保护为主的规划设计。

第三，以自然资源开发利用为主的规划设计。

第四，农地综合整治规划设计（农地整理规划设计）。

第五，乡村旅游资源的开发、利用和保护的规划设计。

第六，乡村聚居和交通的规划设计。

二、乡村景观类型与利用状况调查

乡村景观类型与利用状况调查分析，既是乡村景观合理规划的基础，也是乡村景观规划的依据。在进行乡村景观规划时，乡村景观类型与利用状况调查分析是一项重要内容，通常作为一个专题进行研究。

（一）乡村景观资源利用状况调查分析的资料收集

进行乡村景观规划及乡村景观资源与利用状况调查分析，需要收集大量的基础资料。主要包括以下内容：

1. 土地利用现状与历史资料

包括土地利用现状调查与变更数据、土地利用现状图、农村土地权属图、土地利用档案与各类土地利用专项研究资料和报告等。

2. 乡村景观资源构成要素资料

包括区域地理位置、土壤资料、植被资料、气象气候资料、地形地貌资料、水文及水文地质资料、自然灾害资料、地质环境灾害资料、矿产资源及分布资料等。

3. 人文及社会经济资料

人文资料包括文化、风俗和人文景点分布与相关背景材料；社会经济资料包括行政组织及沿革，人口资料，国民经济统计年鉴，上位、本体及下位国民经济及社会经济发展计划，经济地理区位与交通条件，村镇分布与历史演变，水土资源和能源开发利用资料等，同时还包括经济发展战略、经济发展水平、主要工农业产品产量与商品化程度、人均收入水平、教育水平以及在区域经济中的地位等。

4. 相关法规、政策和规划

包括国家和地方与乡村资源开发利用管理相关的法律政策规定、国土规划、土地利用规划、村镇规划、各类保护区规划及其专项规划等。

（二）乡村景观类型、结构与特点分析

1. 乡村景观类型与结构

在基础资料收集的基础上，辅之以区域路线调查和访谈，详细掌握规划区域乡村景观的类型，包括乡村自然资源、人工景观资源和文化资源的类型，并分析其数量、质量和价值以及在空间上的表现形态等。

2. 乡村景观资源的特点

根据自然、社会经济、文化等层面的宏观分析，明确乡村景观资源的优势、分布与开发利用前景，同时分析乡村景观资源开发利用中的问题，以及对乡村景观可持续利用管理、乡村人居环境改善、自然保护等的限制作用，其中着重强调现有乡村景观利用行为对乡村景观资源保护与升值的破坏作用。

（三）景观空间结构与布局分析

1. 景观空间结构与布局分析

可以采用两种方式，一是按照景观斑块—廊道—基质模式分析；二是按照乡村景观资源，特别是土地利用的空间与布局分析。

按照景观斑块—廊道—基质模式，主要利用景观单元的划分标准，调查分析规划区域内的斑块、廊道的类型、性质与空间格局和分布状态，以及与基底相互作用关系，为诊断景观敏感区域、类型和景观过程提供依据。

2. 土地利用空间结构与布局分析

可按照土地利用现状分类，对规划区域内的土地利用类型、数量、比例和空间结构进行分析，主要包括对耕地、园地、林地、牧草地、居民点及工矿用地、交通用地、水域和未利用土地的分布特点和利用状况，以及进一步开发利用和保护的潜力进行分析，为规划区域土地利用问题诊断提供科学依据。

（四）景观过程分析

景观过程是指在时空尺度范围内景观中的各种生态过程，它对景观格局变异、景观主体功能具有强烈影响。按照景观功能的人文干扰、生态和文化因素，可将景观过程分为景观破碎化过程、景观连通过程、景观迁移过程、景观文化过程和景观视觉过程。

1. 景观破碎化过程

景观破碎化过程主要以人类活动对景观干扰所引起的景观破碎化的一种过程。人类活动，如公路、铁路、渠道、居民点建设，大规模的垦殖活动，森林采伐等都是引发景观破碎化过程的诱因；同时自然干扰，如森林大火，也是引发自然景观破碎化过程的因素之一。景观破碎化过程，包括地理破碎化和结构破碎化两个过程，可以在同一比例尺下，同一景观分类标准下，根据不同时段的景观图，采用多种景观指数进行综合分析。在此基础上，可以根据不同景观类型的性质，分析景观破碎化过程对规划区景观结构和功能的影响。

2. 景观的连通过程

从对景观均质性的影响来看，景观连通过程是与景观破碎化过程相反的一种过程。景观连通过程，对景观的经济、生产和生态功能具有重大的作用，与景观破碎化过程有相同或相似的功能效应。景观的连通过程可以通过结构连接度和功能连通性的变化进行诊断。结构连接度是斑块之间自然连接程度，属于景观的结构特征，可以表示景观要素，如林地、树篱、河岸等斑块的连接特征；功能连通性是量测过程中的一个参数，是相同生境之间功能连通程度的一个度量方法，它与斑块之间的生境差异呈负相关。景观通过斑块的连通性变化，在某些情况下，能引起景观基质的变化，可以逆转区域生态过程，直至产生重大的环境影响。

3. 景观的迁移过程

景观迁移过程包括非生物的物流、能流和动物流三个过程。物质迁移过程包括土壤侵蚀和堆积、水流、气流为主的几种过程，诊断物质迁移的主要过程，并对引发迁移的影响因素和过程机制进行分析，可以有目的地防治物质迁移过程对景观功能和空间布局的负面影响，并提出相应的乡村景观规划对策；能量迁移过程是能量通过某种景观物质迁移过程而发生的流动过程。分析景观资源中潜在的能量以及释放或迁移方式，对于化害为利具有重要的价值；动物的迁移过程包括动物的迁移和植物的迁移，是景观生态学的重要研究内容，在自然保护区的规划设计中必须对动物的迁徙和植物的传播过程、途径进行深入研究，为保护生物栖息地和迁移廊道提供科学依据。

4. 景观的文化过程

正如"破坏性建设"对风景旅游区的价值破坏一样，在乡村景观更新过程中，对乡土文化的人为割裂和破坏已经达到相当严重的地步。我国乡土文化源远流长，沉淀着中华文明的文脉，而且随地域不同呈现出不同的文化和风俗，具体体现在区域的文物、历史遗迹、土地利用方式、民居风貌和风水景观之上。通过调查分析和访谈等正确诊断和发现属于当地地方特征的上述乡土文化和风俗的表现形式，有意识地在乡村景观规划中保护并结合乡村景观（也即乡村景观规划意象的初步阶段），按照与时俱进和保护发展乡土文化的基本原则，以适当的形式在景观规划中进行表达，对于体现乡村景观的地方文化标志特征，增强乡村居民的文化凝聚力和提高乡村景观的旅游价值具有重要作用。

5. 景观的视觉知觉过程

人们在摆脱物质贫乏阶段后，对居住环境的要求越来越高。在以往的建设和生产中，由于不注重环境美学的研究，"视觉污染"相当严重。为了消除"视觉污染"，同时避免在乡村景观更新中产生新的"视觉污染"，而对乡村景观美学功能形成损害，必须对乡村景观的视觉、知觉过程进行分析。在景观规划发展中，目前已经形成了一套用于景观视觉知觉过程的原理和方法体系，如景观阈值原理和景观敏感度等，为在乡村景观规划设计中充分体现景观的美学功能提供了科学方法支持。

（五）乡村景观资源利用集约度与效益分析

乡村景观资源利用集约度与效益是衡量乡村景观资源开发利用程度的重要指标，可以针对乡村景观资源生产、生态、文化和美学的潜在功能的发挥程度和效益，借助投入产出等经济学方法进行分析。

1. 乡村景观资源利用集约度分析

从经济学角度出发，资源利用的集约度是指单位面积的人力、资本的投入量，对于文化和美学资源还包括土地投入量。针对农地资源，特别是耕地资源，其利用集约度可以从机械化水平、水利化水平、肥料施用量、劳力投入量等几个方面衡量，对于文化和美学资源利用集约度可以根据区域文化和美学资源的开发投资强度衡量。

2. 乡村景观资源利用效益分析

包括经济效益、社会效益和生态效益。乡村景观资源利用的经济效益是指景观资源单位面积的收益或以较少的投入取得较大的收益；乡村景观资源利用的社会效益可以通过乡村景观资源利用为社会提供的产品和服务量进行定量或定性分析；乡村景观资源利用的生态效益，可分析乡村景观资源利用对生态平衡维持和自然保护所造成的正面或负面影响程度，用水土流失、沼泽化、沙化、盐碱化、土地受灾面积的比例变化定量描述，同时也可利用一般性原理解释一种利用方式对生态影响的机制来定性描述。

（六）乡村景观资源利用状况评述

乡村景观资源利用状况评述，要总结乡村景观资源利用的演变规律、利用特征、利用中的经验教训、存在的问题及其产生的原因，并提出合理利用乡村景观资源的设想。其主要内容包括：基本情况概述，如自然条件、经济条件、文化风俗、生态条件等；乡村景观资源利用的特点与经验教训；乡村景观资源利用中的问题；乡村景观资源利用结构调整的设想；维护、改善或增强乡村景观资源生产和服务功能的途径；提高乡村景观资源综合利用效益的建议等。

三、乡村景观评价，为乡村景观规划与设计提供依据

乡村景观评价是乡村景观规划设计的基础和核心内容，其过程贯穿整个乡村景观规划设计的过程，而其根本任务就是建立一套指标体系对乡村景观所发挥的经济价值、社会价值、生态价值和美学价值进行合理评价，揭示现有乡村景观中存在的问题和确定将来发展的方向，为乡村景观规划与设计提供依据。按照其评价目标，乡村景观评价主要包括土地生产潜力与适宜性评价、乡村聚落与工业用地立地条件评估、乡村景观格局评价、景观生态安全格局分析、景观美学质量评价、景观阈值评价、景观敏感度评价等。

除了上述一般性的乡村景观评价内容，在乡村景观规划设计中还往往涉及特殊景观资源的评价和保护。特殊景观资源是指具有特殊保护价值的文化景观和自然景观，包括具有历史文化价值的文化遗迹以及具有潜在科学和文化价值的地质遗产、不同保护级别的自然景观等，对规划区的上述特殊景观资源进行分类整理、分析和评价，以及分析乡村景观更新中对其价值所造成的冲击，是乡村景观规划设计中不可或缺的评价分析内容。对特殊景观资源的评价分析有别于其他景观资源的评价方法，一般可由专家定性完成，对于乡村景观更新中的特殊资源所受冲击的评价，可采用环境影响评价的流程完成。

四、乡村景观规划设计

我国乡村景观综合规划一般涉及乡村景观整体意象规划、乡村景观功能分区、乡村产业地带规划三个方面。同时可视具体情况，进行乡村景观的专项规划设计，如乡村聚落规划设计、交通廊道设计、自然保护区的规划设计、田园公园的规划设计、农地整理规划设计等。在上述基础上，按照规划任务，设计不同的规划设计目标，进行多方案设计。

（一）乡村景观整体意象规划

所谓意象是指人们对客观事物的认知过程中，在信仰、思想和感受等多方面形成的一个具有个性化特征的意境图式，可分为原生意象和引致意象。乡村景观规划中引入意象的概念，作为乡村景观综合规划的一个重要层次，对乡村景观进行整体意象规划，主要体现为乡村景观规划的个性化、地方化和社会性。因此，

从这层意义上来讲，乡村景观整体意象规划是乡村景观规划的基础，也是实现乡村景观规划适当、准确、标示性强的主要步骤。对于乡村景观比较有地方色彩和个性化，或具有特殊保护价值的乡村景观资源的乡村区域，在乡村景观规划中要紧紧围绕具有地方性和个体性的自然和人文景观，按照主题鲜明和整体协调，以及保护传统景观资源的基本原则，进行乡村景观整体意象的规划设计；在缺乏地方性和以现代景观为主的乡村区域，在乡村景观整体意象规划中，要从地方文化、风俗等演变历史过程中，寻找能够代表区域地方性和个体性特点的景观意象，并充分发挥人的景观创造性，设计具有地方性、时代性、先进性、生态性和较高美学价值的乡村景观格局。

（二）乡村景观功能分区

乡村景观功能分区是指在乡村景观资源环境调查、评价的基础上，以景观科学理论为依据，以景观过程分析为核心，以景观规划设计技术系统为支撑，以乡村人居环境建设为中心，以乡村可持续发展为目标，研究和确定乡村景观的总体特征、总体格局和发展方向，并对乡村景观资源环境的功能和更新方向进行区划。具体地说，乡村景观功能分区过程，是一种在不同空间尺度上，对乡村景观类型、景观价值，景观中人类活动特征、存在问题，景观资源的开发利用方向和方式，景观问题解决的途径，景观未来的演变趋势等，进行综合归并后，将资源基础、人类活动特征、存在问题与解决途径、未来发展方向相同或相似的景观类型在空间上合并，形成具有相同景观价值与功能的景观区域的过程。依据乡村景观中存在的问题和解决途径以及乡村可持续景观体系建设的原则，一般可将乡村景观划分为四大区域，即乡村景观保护区、乡村景观整治区、乡村景观恢复区和乡村景观建设区，并可依据实际情况划分亚区，如乡村景观保护区内可划分为基本农田保护亚区、湿地保护亚区、天然林保护亚区和古迹保护亚区等。

乡村景观功能分区是乡村景观综合规划的重要环节，同时也是乡村景观规划的一个必然的成果。它具有在空间上控制乡村景观维护和更新的方向、任务的功能，同时也可为乡村景观规划设计的细化和完善提供空间控制基础、景观问题解决途径等。

（三）乡村产业地带规划

根据我国乡村区域的经济功能（含第一、第二、第三产业），在乡村区域上承载的人类行为主要包括农业生产、采矿业、加工业、游憩产业、服务业和建筑业六大行为体系。具体行为有：粮食种植、经济作物种植、养殖（水产畜牧）、地下开采、露天开采、农产品加工、重化工业、机械加工制造、建筑材料工业、大型工厂建设、乡村野营、游泳、划船、骑马、自行车野外运动、高尔夫运动、登山、滑雪、自然探险、生活体验、风俗民情旅游、古聚落旅游、农产品销售市场、公共交通服务、零售服务、住宿服务、餐饮服务、居民住宅建设、乡村公园建设、乡镇规划等33种行为。

针对规划区域，首先，根据当地社会经济发展战略、社会经济发展水平、技术条件和景观资源的禀赋，进行市场调查和科学分析，在保护和合理开发乡村景观资源，并确保可持续利用的前提下，确定规划区域产业发展规划设想；其次，依据各产业对景观资源条件和属性的需求，进行适宜性评价，形成各产业适宜性地带；最后，依据各产业发展目标、先后次序和适宜程度，确定乡村产业地带规划。

在进行上述综合层面规划的基础上，可视具体情况，进行乡村景观的专项规划设计，如乡村聚落规划设计、交通廊道设计、自然保护区的规划设计、田园公园的规划设计、农地整理规划设计等。在规划过程中，可根据任务要求和区域具体情况，设定不同的规划设计目标，进行多方案设计。

五、乡村景观规划设计方案的优选

（一）环境影响评价

鉴于社会经济发展过程中所带来的环境问题，国际上非常重视规划和工程设计的环境影响评价，以免人类对资源的利用行为对环境产生严重的负面影响。我国政府非常重视生态环境保护与建设，并将规划和工程设计必须进行环境影响评价纳入法律范畴。环境影响评价可以针对规划区域的特点，以及乡村景观规划中的景观更新方案，针对景观单元本身和周围生态环境影响，以及对生物和景观多样性、栖息地保护、地质环境、独特自然景观的影响，建立评价指标体系，采用定量评价方法，评价规划设计方案的环境影响程度，以及对生态环境改善的促进作用等，为决策层和公众选择规划设计方案提供科学依据。

（二）经济评价

经济评价是乡村景观设计可行性分析的主要内容。乡村景观规划设计方案的经济评价首先要对按照规划设计所拟进行的景观更新的成本和费用进行预算；其次，采用经济分析方法，如投入—产出法、费用效益分析法等，对投资回收期、产投比等进行分析；最后，还必须对乡村景观规划更新费用的融资渠道，以及当地政府和居民的承担能力进行分析。综合上述分析，明确不同乡村规划设计方案的经济可行性。

（三）公众参与

由于规划的实施主体为规划区域民众，如果规划设计过程中没有当地民众的广泛参与，或规划方案没有得到公众的认同，乡村规划设计方案也就丧失了具体实施的基础，即使能够得以实施，其效果也不会很理想；同时从法理上来讲，公众对任何公共行为和政策也必须有知情权和发言权。从国际趋势来看，公众参与是任何规划设计中的一个必要的步骤，并且已成为规划设计方案得到广大民众支持，以及修改完善规划的重要手段。可采用国际上通行的农民参与式方法，通过规划设计人员与不同层面农民交流的方式，培养农民的认知和问题发现能力，以便提出切实可行的规划修改意见，最终达到对优化规划设计的认同。

综合上述三个过程，对多个规划设计方案进行优选并实施。

六、乡村景观规划实施与调整

根据规划内容确定实施方案，使规划得以全面实施。在实施过程中，根据客观情况的改变以及规划实施中新问题的出现，为了保证规划设计的现时性，需在不破坏原有方案的基本原则下，对原规划方案进行一些修正，以满足客观实际对规划的要求。

第四节　乡村景观规划与设计的方法论

乡村景观规划设计是一个集调查、评价、规划决策和工程设计为一体的系统工程，需多部门、多学科和多时序共同合作，并采用严密科学的技术流程和先进的分析、评价、决策方法才能快速有效地完成。景观规划设计是伴随着景观生态学研究的理论和方法诞生的，而景观生态学基本的研究方法，主要是以现代信息技术，如 GIS、RS 和数据库系统，以及模型技术为辅助手段，乡村景观规划设计也是如此。

一、乡村景观规划的基本方法

乡村景观规划设计作为集调查、评价、规划决策和工程设计为一体的系统工程，其基本方法归纳起来有以下几类：

（一）乡村景观资源调查、评价与分类制图

1. 乡村景观资源遥感调查

乡村地区土地覆被的类型和空间分布是乡村景观规划设计中主要基础数据。目前，利用遥感技术已经成为上述数据获取的重要手段，同时辅之以其他信息源，利用遥感技术也可间接地获取乡村景观要素数据。在乡村景观资源遥感调查中，一般按照乡村景观资源分类、资料准备、建立解译标志、野外校核、遥感制图等程序进行，解译方法有人机交互解译、计算机自动解译等。

2. 专业补充调查

在收集相关资料，如土地利用、植被、水文、水文地质、农业、林业、牧业、交通运输等的基础上，为保证调查精度和资料现时性，一般视情况需要进行专业补充调查，并在原有图件基础上，更新建库。

3. 获取相关资料

进行乡村景观规划设计，需要大量的社会经济、文化和风俗方面的资料，而这些资料往往需要调查获得。一般通过农户调查和访谈等方法获取第一手资料，然后通过系统整理并抽取有用的数据。

4.进行相关类型评价

乡村景观资源评价是乡村景观规划设计的基础。根据规划区域的特点和规划设计的任务，确定乡村景观资源评价的内容和类型。按照乡村景观资源评价的类型，以及资料占有情况，设置评价指标，选择评价模型和方法，在计算机辅助下评价，制作单一评价类型的评价图。视情况，按照一定的方法（如评价等级数量转换和设置权重），将多个单一评价类型的评价结果叠加，形成乡村景观资源的综合评价图。

5.建立乡村景观资源调查评价信息管理系统

为了便于乡村景观资源调查评价信息的管理和耦合，在地理信息系统和数据库系统的支持下，建立乡村景观资源调查评价信息管理系统。

（二）分析与综合方法

乡村景观规划设计相关数据、资料的分析和综合过程，是通过一定的方法对原始数据进行分析和综合，抽取对规划设计直接有用数据的一种过程。对乡村景观规划的分析和综合方法有空间统计学方法、系统动力学方法、因果分析方法、聚类分析、因子分析、主成分分析、预测方法、模糊综合评判、逻辑推理等。

1.空间统计学方法

包括空间自相关分析、半方差分析、趋势面分析等。由于乡村景观规划设计涉及景观格局演变分析，空间统计学方法已经成为景观动态格局变化和过程分析中的一类主导方法。

2.系统动力学和因果分析方法

对于定性和定量分析景观资源系统和社会经济系统中的各子系统和要素之间的关系以及过程具有重要价值，并且采用上述方法有助于系统地辨析和主导问题的发现。而聚类分析、因子分析和主成分分析可以定量地分析区域系统演变的主导因素。

3.预测方法

在分析规划区域人口、土地生产能力、社会经济发展前景、土地覆被动态变化情景中具有重要的价值。按照阿姆斯特朗的分类，预测方法包括分解法、外推法、专家预测、模拟仿真和组合预测等几类。特别值得一提的是，马尔科夫链预测方法已经在景观动态预测中得到广泛应用。

（三）规划决策目标拟订

规划设计是为了实现既定目标。规划决策目标对整个规划设计具有重要作用：一是标准作用，规划设计的优劣以规划决策目标是否实现作为衡量标准；二是导航作用，明确目标对于规划设计技术路线制定具有指导作用。

因此，是否切合实际地确定规划决策目标事关规划设计的成败。第一，依据实际情况确定规划决策目标，需要多方面的论证和数理分析；第二，规划决策目标要明确，避免歧义，尽可能实现规划决策目标数量化；第三，从整体上把握规划决策目标等。

（四）建立辅助决策数学模型

在乡村景观规划设计中，针对规划目标、类型和相关内容，建立辅助决策数学模型。目前，常用的辅助决策数学模型有空间分配模型、优化模型、网络模型、决策模型等。

（五）可供选择的规划设计方案拟订、评估和优选

乡村景观规划设计属于多目标的规划设计，通过对各个目标安排的次序和优先实现程度，制定规划设计流程和规划设计方案，在此基础上，通过公众参与、专家咨询、经济评价和环境影响评价等过程，采用淘汰法、排队法或归纳法进行评估和优选，提供给决策者进行决策。

二、3S 技术在乡村景观规划中的应用

3S 技术是遥感技术（Remote sensing，RS）、地理信息系统（Geography information systems，GIS）和全球定位系统（Global positioning systems，GPS）的统称。

（一）遥感

1. 遥感技术的优势

与其他传统的获取地面信息的手段相比，遥感技术有以下几个明显的优势：

第一，航空摄影和卫星遥感技术是目前获取多尺度，尤其是大尺度景观资源

信息的主要手段。

第二，遥感技术是及时获取景观格局动态的有效监测手段。

第三，多光谱多空间分辨率遥感数据可以有效地为景观科学研究提供其所必需的多尺度上的资料。

2.遥感技术的应用

在景观研究与景观规划中的应用主要包括以下三个方面：

第一，植被、土地利用和景观资源分类，景观分类制图。

第二，景观特征的定量化，包括不同尺度斑块的空间格局；植被的结构特征、生境特征以及生物量；干扰的范围、严重程度及频率；生态系统中的生理过程的特征。

第三，景观动态以及生态系统管理方面的研究，包括土地覆被在空间和时间上的变化、植被动态（包括群落演变）、景观对人为和自然干扰的反应等。

（二）地理信息系统

地理信息系统（GIS）是一系列用来收集、存储、提取、转换和显示空间数据的计算机工具。它为研究景观空间结构和动态及进行景观规划提供了一个极为有效的工具。

GIS在景观生态学中的应用已经非常广泛。它的用途主要包括：分析景观空间及其变化；确定不同生境和生物学特征在空间上的相关性；确定斑块大小、形状、毗邻性和连接度；分析景观中能量、物质和生物流的方向和通量；景观变量的图像输出以及与模拟模型结合在一起的使用，具体包括如下几个方面：

第一，将零散的数据和图像资料加以综合并存储在一起，便于长期、有效利用。

第二，将各类地图（空间资料）和有关图中内容的文字和数字记录通过计算机高效率地联系在一起，从而使这两种形式的资料完美地融为一体。

第三，为经常不断地、长期地贮存和更新空间资料及其相关信息提供了一个有效的工具。

第四，为空间格局分析和空间模型提供了一个有力又较容易操作的技术构架。

第五，提高了某些景观资料的质量，大大提高了对资料的存取速度和分析能力，从而促进了 GIS 在景观规划和资源管理等方面的实际应用。

（三）全球定位系统（GPS）

地理位置或地理坐标常常是空间信息中必须具有的重要信息。在大尺度上，用罗盘或地标物来确定景观单元的具体地理坐标往往是困难的。全球定位系统为解决这一难题提供了一个可靠的方法。

全球定位系统是利用地球上空的通信卫星和地面上的接收系统而形成的全球范围的定位系统。在地球表面的任何位置，利用接收卫星信号的地面装置，即 GPS 接收器，在任何时候均可接收到 4～12 个以上的卫星信号。全球定位系统由一系列专用卫星组成，这些卫星不停地绕地球运转并发回地面具体的空间位置信息。根据这些信息和三角测量原理，可算出地表任何一个地点的地理坐标。通常至少需要 3 个卫星信号才能确定地表某一位置的地理坐标。利用 GPS 技术测定景观中某一位置的精确度依赖于 GPS 接收器的精度，以及美国国防部的控制和干扰程度，但一般来讲，其精度可达到 1 米以内。GPS 技术对景观研究有重要的推动作用。例如，GPS 已被用于监测动物活动行踪、生境图、植被图及其他资源图的制作，航空相片和卫星遥感图像的定位和地面校正，以及环境监测等方面。

毋庸置疑，RS、GIS 和 GPS 为景观研究提供了一系列极为有效的研究工具。在流域和区域景观研究和规划中，"3S"成为资料收集、贮存、处理和分析所不可缺少的手段和工具。因此，这些技术特别是地理信息系统和遥感技术在很大程度上改变了景观生态研究的方式，已成为景观研究的特征之一。

第三章　乡村景观美学分析

在设计农村景观之前，我们需要弄清楚什么是构成农村景观的美感要素。这就牵扯出了什么是美的问题。什么是美，一直是人们争议不休却又很难下定论的问题。我们知道无论从事什么专业和工作、文化程度、年龄大小，生活在城市还是农村的人，都有对"美"的感知，但这种感知的形成以及感受的类型和程度绝非一致。它一定是因人而异，因地而异，因文化而异的，因此它是一个较复杂微妙的问题。人们一致认为：美感的获得可引发人们的联想，扩展人们的想象空间，触动人们的美好情感。如果再深一步地作具体解释，"美"的定义就十分难确定了。在美学界对美的解释也各有其说，是一直争执不下而无法统一的古老问题。我们可以对"美"感做概括解说："美"是一种由客观事物引发的美好的心理感受，是愉悦的、舒心的、快乐的、兴奋的、美好的。乡村景观设计就是为了寻找人们获得这些美感的根源，发挥农村的景观特色美的改造和建设乡村景观的设计，发挥农村景观的自然生态优势，以此推动农村的建设和经济的快速发展。

本章主要讲述乡村景观美学分析，从三个方面展开分析，分别是乡村景观的美学要素、乡村景观的美学价值和乡村景观的美学优势。

第一节 乡村景观的美学要素

在经济发达、物质丰富的当今时代，"美"产生了巨大的经济价值。人类具有爱美的天性，大多数的人是以美来选择和衡量周边的一切，追求美已成为现代人的时尚。乡村建设势必会带来农村经济的繁荣，经济发展了，农民生活富裕了，农村的环境是不是也会自然变美了？这个问题的答案并不唯一。美的环境要有美的心灵、美的认识、美的规划、美的创造才能实现，要靠大家勤劳的双手共同建造；农村特有的田园自然风光之美更需要大家共同维护。提升农村整体环境的审美价值的一个重要内涵就是保护农村的生态环境，保证生产绿色健康食品的安全性和可靠性，以此带动地方经济的发展。自然生态环境才是农村可持续发展的基础。美的环境还可开发农村旅游业，提供人们观赏和体验的各类活动，旅游业的成功开发可解决当地剩余劳动力的就业问题，可减少涌向大城市的人流量，并能减少各种资源的消耗和浪费。农村景观审美价值的提高在于美的环境的展现和建造。

一、自然田园之美

观赏农村辽阔的大地田野，无论是麦浪滚滚的丰产田、整齐晾晒的稻谷垛，还是割完稻谷的稻茬田，编织在田野上自然美妙的肌理充满了农村生产生活的乡土气息，蕴藏着人与地的自然与和谐的真谛。无论是南方的水田，北方的旱地；还是高山的梯田，洼凹的沼泽地；或是满园春色的菜地，硕果累累的果园、田地，以不同形态勾画了一幅幅美丽的田园画卷。田地作为大地艺术，农民则是画家，在自然的土地上传递着美妙无穷而富有生机的意义。让更多的人关爱养育我们的土地。

二、清洁卫生之美

农村要想以开发旅游产业带动本地经济的发展，首先要清理垃圾和解决污染问题，打扫卫生是最朴实、最经济、最有效、最环保的美化环境的举措之一。整洁健康的自然环境才具有观光旅游的价值，才能吸引城市人到农村观光和消费。

三、乡土文化之美

每个古老的乡村，大都经历过上百年历史的沧桑演变，多少都保留了自身特殊的乡土文化。有的保存完好，有的却丢失很多，也有彻底消失的。

具有景观文化特征的乡村，无论是聚居环境还是民居建筑中都保留了有一定历史文化和地方传统的痕迹，不同程度地反映了不同历史时期的文化审美要求，记录了乡村环境的兴衰过程。其年代的久远，恰恰形成了农村景观中最珍贵的具有历史和观赏价值的文化遗产。如安徽西递宏村"中国画里的乡村"、江西婺源、江苏周庄、浙江乌镇、泰州漆潼村、漓江古镇等。农村的民居建筑形态是当地经济文化以及意识形态的集中反映，不同地区有着截然不同的建筑风格。农居的建筑技术一般都是民间祖传下来的传统技法，工匠在一代代传承中又不断地加以更新、完善，因此每个时代都有些不同，但建筑原型基本保持一致，建房材料也都比较统一，基本上是用就地可取的自然材料或是本地加工生产的建筑材料建造的。只是在建筑装饰上、房屋的朝向和布局上有所差异，这是因各家的经济文化以及审美标准不同，加上人口不同，必须根据需要和房间功能布局。如白墙黛瓦徽派建筑的安徽宏村，其建筑群体格调基本一致，但细看每家每户的朝向分割布局以及建筑形态都有所不同，建筑装饰也多种多样，丰富至极，由于建房材料的一致，保持了居住建筑群整体色调的统一和谐。再如，农村就地取材利用当地群众的自然材料建造的土墙茅草屋、土楼、竹楼、木板楼、窑洞等，大都是原始的生态建筑，不同程度地反映了当地的生活习惯和一定的经济文化。

乡土文化中的农居建筑是代表了本土风格和地域文化特征的乡土景观，构成乡土景观的一个重要元素就是当地农村的传统文化，在建筑上着重体现在建筑形态和建筑材料的装饰上。如江西婺源古色古香的建筑中，砖雕、木雕、石雕上承载的都是传统文化。有古老瓦当和砖雕上的装饰纹样；有石雕上形形色色的人物雕像，记载了许多历史的故事；有木窗、木门，雕刻了"孔雀开屏""十年寒窗""状元及第""吉祥如意""百寿图"等不同的吉祥纹样，记载了当时人们对幸福生活的追求……这些民间流传的纹样记录了当地群众对生活对劳动的歌颂和热爱，体现了历史文化的丰富多样性。这些传承下来的乡土文化折射出了当年曾经的繁荣与辉煌，透过这些可以了解到当时的经济和文化。江西婺源李坑是名人村，据说这里是詹天佑的家乡，婺源的思溪延村为儒商第一村，李坑是官吏村、文人村，每个村都有不同的文化特征。每个古老住宅的雕梁画栋都刻有主人的兴趣爱好和文化品位。官吏、商人、文人、名人各有所好，似乎在讲述着不同的人生故事。正是这种特征吸引了来自四面八方的游客，人们在这特征中感悟其中的不同与相同，品味历史、文化，品味人生百味。

四、手工技艺之美

工业化的快速发展极大地冲击了传统手工业，流传在民间的手工艺技术也在悄然消失，现代化生活的物质极大丰富，使得人们越来越依赖工业化、自动化和智能化。手工艺的年代已过去，一切都由机械化、电脑替代了。我们的许多手工艺技术也随之失传，传统文化将陆续出现断层，这应该引起我们的重视。一件好的手工艺品拿在手中，我们可以从中感受到人间一种特殊的亲和力，虽然没有机器做得那样完美精致，但留有的许多人工痕迹，恰恰体现了手工的一种自然淳朴之美，是机器无法替代的。手工制品里凝聚了人的智慧与才能，是人类自我欣赏的作品，值得赞扬和延续。例如，同样一幅画，一幅是手工绘制的，一幅是机器印刷的，相比之下，大家都会感到手工的绘画更精彩，价值比印刷品要高，虽然机器印刷很精美，可以大批生产，但没有人工制作的痕迹，更没有人的心灵上的倾注，缺乏人工手绘制作的那种亲和力和感染力。因此说，机器产品有种冰冷的无情之感，而手工产品每一件都是独特的，具有一定的美感价值。

手工艺品中凝聚了人们热爱生活的美好心情和高超的技能。有些农村男女青年相亲时，要看看对方的手工艺活儿，以此来衡量对方是否聪明能干。一般农村姑娘们绣的定情物有手绢、鞋垫、荷包等，她们把自己的美好愿望和清纯的心情绣了进去，以表达对未婚夫的爱慕之情，是一种自然朴实之美。重视动手能力的培养，保护和继承一些传统手工艺是很有必要的。城市可以推行一些手工艺教室，农村可以结合乡村旅游，开辟一些手工艺的观赏和体验的项目，体验手工艺制作之美，对人们心态的转变以及调节躁动心理都能起到很好的作用。

精湛的民间手工技术体现了人类的智慧和文明。如竹、藤、草的编织技术，纺纱、织布、刺绣、面塑、泥塑、铁工艺、木工艺、陶艺、布艺、剪纸等，各地区都有不同的风格，手工艺是祖先流传下来的传统文化，它集中体现了劳动人民自然淳朴的生活观念，值得现代人观摩学习和保护继承。一般农村都有农闲季节，农闲期间农民都有做手工艺活的习惯，这种传统一直保留至今。农村可以结合发展乡村旅游一同挖掘和保护当地的一些手工艺。作为观光旅游的项目，既可以传承精湛的手工艺，又可以作为旅游商品销售，手工艺产业是生态环保产业，应该鼓励和开发，农民可以就近工作，既可以提高收入，又可发展地方经济，且投资少、效益高。

我们发现没受现代化冲击的、远离城市的边远农村，一般都有一批心灵手巧的能工巧匠，他们的基本生活技艺一应俱全，保存完好。如木匠、瓦匠、铁匠、石匠等，还包括手艺人的各种生计活儿，如竹编、藤编、草编、麻编、扎染、纺线、织布、制陶、腌制等。这些人类生活最基本的活儿，在当今经济发达、物质丰富的城市郊区农村，以及交通方便的农村中都已开始逐渐消失。倘若在建设乡村中，把这些手工艺活儿集中在一起，并让老艺人进行技艺的表演和展示，有利于年轻人了解历史，珍惜现在生活，提倡自己动手丰衣足食的精神，对社会对自己都是一件非常有意义的事。现代化生活中不能丢弃人类精湛的手工艺技术，尤其是非物质文化遗产。在商品大批生产的现代化工业社会中能挖掘民间手工之优势，将是一项很有意义的事。

五、科学技术之美

科技发展给村民们带来了丰厚的回报。农作物的改良、新的种植法不仅提高了农民的经济收入，还带来了耳目一新的感觉。如蔬菜水培法，既干净卫生，又节能环保，水上种菜，水下养鱼，不占用土地资源。湖南望城农民傅珍检的水上种植展示基地，种植了禾苗、蔬菜、花卉等，它们可以吸收水中的营养，无须人工施肥，而且不用除草、浇水、喷洒农药等，既美观又环保。

无论种植业还是养殖业，对生产者来说，与传统生产方式相比劳动强度和劳动时间得以大大减少，劳动力获得解放。科学技术的先进确实改变了农村，人们在接受新事物的同时深深感受到科技给农村带来了翻天覆地的变化，农业增产增收，农、林、牧、副、渔兴旺，农民生活水平有了很大提高，农村的生产环境和生活环境得到了很大的改善等，这都是科技给农村带来的幸福之美。

科技为保障粮食安全、发展现代农业、增加农民收入起到了重要支撑作用。科技是农村新的生产要素，是乡村建设不可或缺的要素。过去计划经济体制下，农业的基本要素是土地和劳动力。然而，现在要改变贫穷落后的农村，把农村引入现代化道路，必须导入科学技术这一生产要素，发展高科技农业，也就是说，必须依靠科技进步才能大大促进社会主义乡村建设和发展。尤其是在较长的农业产业链中，从种植到生产、加工、销售以及农副产品的深加工等环节都迫切需要科技的支撑和引领。

科学技术除了在农业生产上发挥重大作用，在推进农村资源节约和生态环保、美化环境、提高农村的可持续发展能力、保护农村生产的安全格局上，也有着重要作用。如农业节能减排、农业面源污染治理、农村固体废弃物处理与资源化利用、河道疏浚及淤泥处理、农村环境综合整治、沿海滩涂资源保护利用、土地质量检测、水土流失生态修复、水资源综合高效利用等，都需靠科学技术来解决。大力发展循环农业，因地制宜普及农村户用沼气，发展太阳灶，利用风能、水能等可再生能源，加快实施乡村清洁工程，推进人畜粪便、农作物秸秆、生活垃圾和污水的综合治理和转化利用，净化美化农田与农村环境等。因此，科技可以改变落后贫穷的农村面貌，科技可以兴村富民，在人们的心中永远是美的。

六、自然材料之美

随着人类社会的发展，自然材料变得越来越稀少已不能满足现代化城市的大量需求，大量堆砌人工材料的城市，让人感到窒息。农村具有可利用自然材料的天然条件，充分利用当地的自然材料建造乡村家园，是最经济实惠的建造方法。诸如福建永定县利用当地的黏土和竹子建造的土楼、延安地区利用山体建造的窑洞、甘肃今黔利用山中木材建造的木板楼、昆明利用竹子建造的竹楼、安徽利用山中的木材和泥土自烧砖瓦建造出赫赫有名的徽派民居等。农村具有得天独厚的自然资源，以自然材料为主建构农村生态环境，是突出农村景观特色的重要手法。只有保护好农村原汁原味的自然生态环境，才能彰显农村的无穷魅力。

农村的自然环境是城市人羡慕向往的优美环境。自然环境的特性是充满生机，具有旺盛的生命力。我们不能因为经济的改善就挥霍手中的钱财而任意改造农村，摧毁农村原本用自然材料建造的生态、自然的村庄。我们应尽可能地抵制和去除与自然生态不协调的因素，保护农村自然生态环境的和谐和美丽。

建设乡村景观要考虑多用自然材料，这对整体环境来说，起到的是与自然相和谐统一的重要作用。乡村建筑尽可能用本地生产的砖、瓦、石块、沙砾、竹材、木材等自然材料。这些材料的自然色彩朴实无华，在农村自然环境中特别和谐。农民利用当地材料，因地制宜建造的如今保留下来的江南、苏北的小灰瓦传统建筑的屋顶与现代水泥制屋顶、琉璃瓦屋顶相比毫不逊色。

自然材料之美来自人对自然的一种认识本能。我们的祖先在远古时期就开始用土做陶罐存水；用竹棍做标枪标鱼、打猎；用土堆洞穴遮风挡雨……人类天生热爱自然，与自然相共存，没有自然就没有人类。自然的温馨是每个人的内心所需，如果我们每天的衣食住行都与自然相贴近，就会感到很愉悦。充分发挥农村自然材料之美，可体现农村整体环境的自然和谐与美丽。人工环境带来的困扰使城市人更加向往农村自然环境。我们应该学会在琳琅满目的现代材料中选择最适合农村自然环境的材料建造农村，保护农村自然环境及农村自然特色，发挥农村的优势。一切围绕自然环境的和谐去建设，这样才能更加显现出农村自然、淳朴、美丽的特色。

第二节 乡村景观的美学价值

一、美的产品能提升商品价值

"美"可以提升商品的附加价值，特别是在经济飞速发展的时代，人们的审美眼光和审美要求越来越高。人们对"吃、穿、住、行、用"已不再满足最基本的功能需要，而是追求功能与艺术完美结合的综合品质。商家们清楚地知道：单纯功能性商品没有好的包装很难销售出去，好商品都需要包装美化。无论是人，还是住房、车、用品、环境等，都需要美化和装饰。商品经过美化后价值才能提升。人们在一味地追求时尚：美容、美身、美房、美车、吃美的、穿美的、用美的、住美的……追求完美的心态在我们身边悄然风行，不可阻挡，这证明了人们的"爱美"心态出自人类的天性和本能。我们对美的感受除了视觉上引发出的美感，味觉也能带来美感。自古以来人们就把吃当作一件很美好的事。我国的汉字"美"是由"羊"和"大"两字组合而成，羊大而美。可见古人创造汉字时对"美"的解释为"有丰盛的食品为美"，很单纯。农村是以生产农产品为特色的自然环境，人们每天的饮食都与农村的生产有关联。农村是提供生活食粮的生产基地。美食会给人们带来美好的心情，当然它的前提必须是自然的、健康的、安全的。因此，绿色食品是美的产品，是健康的、富有营养的新鲜产品。

有时美也是一种诱惑，一旦亲自品尝后就会记住美味，会改变对具体物品的固有看法。由于科技的发达，农产品的生产也发生了巨大变化。过去的时令蔬菜现在一年四季都有。冬天吃西瓜已不是什么新鲜事儿。超市货架上摆放的蔬菜、水果又大又好看，色泽鲜艳诱人，虽然色泽好看，形状大而美，可是口味与过去自然生长在露天田野的相比要逊色许多，淡而无味，没有自然环境的农田中生长的好吃。因此，美的认可不仅仅取决于外表视觉上的，有时也依赖于品尝经验，经验告诉我们哪种形状、哪种色泽才会给我们带来美感。美是一种实实在在触及内心的体会。无论是视觉的感受，还是经验的体会，包括味觉的、嗅觉的、触觉的，在不同程度上都能给人们带来一种愉悦和美感。有美感才能吸引人，真正令人喜欢的商品才能创造和提升价值。

现代化城市生活使得肥胖病人增多，杂粮已是现代人追捧的美食。过去价格低廉无人问津的杂粮，如今上升为时髦的健康食品，价格也随之上涨。农村则有应对市场需求的条件，因地制宜，就地取材，利用本土资源生产原料和加工杂粮食品，创造各类杂粮食品实现美食的价值。挖掘和创造大众喜爱的具有本地特色的土特产品，还可创造土特产品牌。除了产品的口味要好，要有特色美以外，还需对商品进行美化包装。包装材料以简单、环保、符合农村特有的土特产风格、朴实大方为好。农产品深加工最好形成系列产品，这样有利于形成地方特色，一旦商品受到人们喜欢，就更容易传播而美名天下。这需要我们动脑筋想办法打造出好的、有特色的农产品和深加工食品，让人们愉快地接纳和消费，实现商品的高附加值。

二、美的环境具有观赏价值

视觉美是直观的，它直接影响人们的审美心理，除了视觉，还有非视觉因素也能引起人们的美感心理。如嗅觉、听觉、触觉、活动等一样能给人带来愉悦和快感。这些非视觉因素与视觉因素在环境中综合出现，留给人们的是整体环境的美好印象。因此，体验环境的美感绝非单一的，而是综合性的。环境是一个整体，它涉及环境中的各个不同物体和不同空间。农村环境的综合体包含了生态的自然环境、生产的田野环境、建筑的村庄环境。而人是运动的，走入自然空间、田野和走进村庄的视觉和感受都不一样，有时即使是同样的环境在不同季节中也会给人截然不同的感受。美的环境是在视觉上和心理上都会给人带来美好心情的环境。

农村有生产农作物的广阔田野，从农作物的生长状态和环境上看，土地的肥沃、植物的茁壮成长都代表了自然环境的完好。走进农村，在不同的季节里我们可以看到田野中金灿灿的油菜花、绿油油的麦苗、鲜花盛开的果园、稻浪滚滚起伏等壮美景观；我们可闻到田野中散发出泥土的芬芳、禾苗的清香、菜花香、稻花香；我们还可听到成熟的庄稼在风的吹动下沉甸甸的稻穗、金黄色的麦穗相互碰擦发出的沙沙声，感受到丰收前的喜悦。这就是农村景观美的整体环境给人们带来的美感。除此之外，农庄即村庄，也是农村景观中重要的景观部分。村庄的美不在于用多少金钱来打造，关键在于村容、村貌的整洁卫生和自然朴实。村庄的面貌能体现村庄居住者的勤劳与否、生活习惯的好坏以及村民们文化素质的高低。美不是金钱的堆砌，而是在于适合，在于自然而美。美的环境应该是整洁、干净、卫生、有秩序的。

自然开阔的环境对城市人来说充满了美感，终日在狭小拥挤的空间中生活的人，谁不想在休假日去开阔美丽的环境中放松一下心情呢？农村的田园风光必然吸引更多的城市人前来参观，而且游览人数逐年增多。农村的美丽环境必然能创造出一定的经济价值，随着农村环境的建设和整理以及观赏价值的不断提高，经济价值也在提高。近几年，以乡村生活、乡村民俗和田园风光为特色的乡村旅游业在各地农村迅速兴起，农村旅游业已成为带动农村脱贫致富的一个新路径。以创造美丽乡村旅游环境获得一定的经济价值的农村，如雨后春笋般遍布全国各地。"吃农家饭、干农家活、坐农家车，享农家乐"的乡村旅游吸引了城市人不断前往农村体验、观光、消费。一些地方的乡村旅游业已成为当地经济的一大特色产业。我国70%的旅游资源处于包括山区和少数民族地区在内的农村地区，因此，潜力巨大的旅游市场在农村，潜力大的旅游需求在农村。我国拥有山地、平原、海洋、湖泊、河流、森林、湿地等多样性的生态旅游资源，完全可以充分利用和发挥，乡村旅游的有效开发会给乡村建设带来新面貌，促进农业经济发展，为农民的增收、就业开辟新渠道。旅游专家们认为，现在都市人最关心的是健康，喜欢到郊区体验自然淳朴的生活情趣。这就决定了乡村旅游是一种朝阳产业，前景十分广阔。乡村旅游产品的基本要求就是真善美环境的打造。

农村景观环境品位的提高重在创新、创美。四川成都的"三圣花乡"是以花为媒的题材开发的，创造性地打造了美丽的花乡农居、幸福梅林、江家菜地、东篱菊园、荷塘月色，称为"五朵金花"。一年四季的观赏内容丰富不断：春天游花乡农居，夏天观荷塘月色，秋日赏东篱菊园，冬日游幸福梅林，而江家菜地则是四季皆宜的观赏采摘之地，形成了闻名全国的锦江四季休闲旅游的特色景观。农村旅游业开发的前提就是打造美的环境，吸引更多的城市人前来参观，加强城乡交流，缩小城乡差别，这有利于农村景观环境的改造和建设，有利于提高农村环境和村容村貌，有利于提高农民居住条件，提高生活质量，促进城乡协调发展。许多成功案例告诉我们，美的环境产生的经济价值是不可低估的。无论是乡村旅游、生态旅游，还是旅游小城镇的发展，只有在保护地方特色的基础上创新创美，才能使环境发挥出强大的观赏力和吸引力，以此促进农村经济发展达到农业增产、农民增收。

三、美的健康环境能创造生命价值

对于农村来说，人工物体越少，自然植物生长越多，环境越好。自然的环境是健康环境，是充满生气的、有生命活力的环境。农村是生产粮食的基地，也是提供副食品的生产基地。为了接纳城市人来农村消费，一切向城市看齐，把农村建设得像城市一样，自身的乡土文化元素越来越少，甚至全部丢失。许多农家乐经营者误认为像城市那样的建筑和宾馆饭店才是城里人喜欢的。丢弃了农家乐的原汁原味，接待游客都是类似城市饭店的菜谱，饭菜口味与城市没什么区别。住宿也与城市精美装修的宾馆一样，乡镇街边小店出售的也是千篇一律的、毫无本土特色的商品。少了农家的本色，淡了乡村的野趣，失去了农村自然乡土的特色，就连原先自然的土鱼塘也变成了砖砌的水泥池，农村的自然环境被破坏，农村景观的特色也随之淡化。殊不知城市人来农村就是寻异而来，喜欢农村的乡土和野趣，希望在健康的田园生活环境中得到充分的休憩，调节长期紧张的生活节奏，体验农村淳朴的乡土风情，品尝农村新鲜而有地方特色的土菜肴的口味。因此，保护农村的自然生态空间，打造农村的健康卫生环境，发挥农村的乡土特色，才能体现农村的本质美，吸引更多的观光客来农村消费，才能有效地提高地方的经济收入。

人类社会发展到现在，特别是近两百年的工业社会给人们带来了巨大财富，同时也破坏了人们赖以生存的大自然，自然环境区域急剧减少。人们不知不觉地远离了自然，在有限的空间中度日。自然生态的田园生活环境更加成为城市人的渴望。农村健康宜人的生活环境具有吸引城市人来农村消费的巨大魅力。现代城市人最关心的是健康，节假日都喜欢到郊外农村体验淳朴、天然的生活情趣。这就决定了农村旅游项目可以扩展为以健康为特色主题的景观设计内容，开发一些农村健康旅游的新兴产业。近几年，农村旅游业的兴起让我们欣喜地看到，每逢周末，到郊县的农庄观农业田、吃农家饭、享农家乐的人开始增多。农村旅游已成为城市人生活的一种调剂。在假日里能到农村来呼吸一下新鲜空气，体验自然淳朴的农家生活，确实是一种快乐享受。城市的人需要更多地了解农村，农村的经济需要更多的城市人来促进，城乡信息的不断交流才能促进农村经济建设的健康发展。农村以健康为主题的旅游开发更需要有持续发展理念的设计师与当地农民协作共同去努力实现。健康美的环境必然会吸引更多的游客来观赏体验，美丽的农村将成为城市人羡慕和向往的地方。吃新鲜食品、穿粗布衣、体验农家乐、快乐劳动等已成为现代人追求的新时尚。

第三节　乡村景观的美学优势

很多人都觉得城市比农村要好。诚然，城市有着许多的优越之处，但农村也有着独特的优点与特色。通过对农村进行大量的分析，并结合城市进行比较之后，可以发现，农村具备的许多特点是城市所没有的，其中最为突出的就是自然环境。保护农村生态环境是关系到人类生存的大事，对我们每个人来说都至关重要。

农村建设起步较晚，与城市相比确实有许多落后的地方，但我们在落后中看到了农村自然生态环境完好的优势，如果我们了解和保护好农村自然生态的优势并加以利用和发挥，农村的魅力就会日益增加。那么，什么是有魅力的农村呢？说起来比较复杂。如果与城市相比，那应该是农村独有的，城市没法实现的。概括地说，有魅力的农村一定是自然生态的、整洁美丽的、健康宜人的。农村景观设计需要找到农村的特色美，充分发挥其优势，才能更好地促进农村建设和繁荣农村经济。

一、相异而美

正所谓"同性相斥、异性相吸"，在日常生活中，我们经常会发现两个完全不同的事物之间极易相互吸引，将其组合甚至会因为这些不同而产生美感。近的如：事与事的相异（文化不同），人与人的相异（男女之间，民族之间）、城与城的相异、乡与乡的相异、城与乡的相异等。远的有：国与国的相异、民族的相异、人种的相异、风土人情的相异、文化的相异等。"相异"使双方各具特色而令人感到新鲜，因兴趣产生美感。就像我们去亚洲旅游与去欧美旅游的感觉完全不同一样，去亚洲旅游，因人种接近，生活习惯接近，审美趣味接近，所以环境反差不大，不能激起我们的特别兴趣，也不会给我们带来太大的新鲜感。而去欧美旅游，旅行者常常带着新奇的眼光审视一切，这就是相异反差大而引发的浓厚兴趣。这种相异反差带来了一种新鲜的美感，很有趣味，很有视觉冲击力。相反，欧美人来亚洲观光也和我们一样，因生活习惯、人种的不同，反差大，看什么都很新鲜，这就产生了相异之美。我们一直强调民族的、传统的东西，意思是只有独特的民族文化，才具有世界性。由此我们知道：新奇的、稀少的、独特的、个性的东西，都能引发人们的注意和兴趣，而事物的差异性正是美感的诱因。我们可以从农村与城市的差异中找到美感，相异产生美。

农村和城市相比，在物质文化上确实有着明显的差距，但随着经济的发展这种差距势必会缩小，今天的农村已有明显的变化，有一部分农村已大大缩小了这样的差距。一般人都会认为落后的都是不好的，但事实上事物总有其两面性，在某种情况下我们在其中可以找到独特的、历史的、有价值的东西。比如，农村的土墙茅草房，是人类智慧的写照，它记录了农民居住的历史。对于完全被人工建造物包围的现代化大都市来说，它更加贴近自然，别具一格，突出了农村居住的历史特征。土墙茅草屋冬暖夏凉，满足了人类居住的基本要求，虽然简陋，却真实地记录了劳动人民的创造力，充分体现了当地人因地制宜创建家园的朴实情感，是具有漫长历史的、有价值的农村建筑，值得保护。这种原生态建筑，对后代人了解农村历史具有一定的教育意义和观赏价值。

农村有许多城市所没有的优势，例如新鲜的食物、清新的空气、甘甜的井水、健康的生活、宁静的氛围、美丽的自然风光等，这些很难在城市中看到。如果把农村改造成城市的样子，那么不仅失去了农村本身的独特之美，还会显得不伦不类。假若农村也如城市一样，那么人们在闲暇之余，就没有可以去忘情山水、自由放松的地方了。如果农村和城市有着相同的特色与风格，仔细想来，那种生活是多么的单调、枯燥、无趣。只有充分发挥地域特色，才能打造出风格各异的城乡景观与人文环境。虽然在城市生活的映衬下，农村往往黯然失色，但是只要仔细观察、认真寻找，必然能找到农村的优势所在，然后对其建设与加工，如此，农村所具有的独特价值才能被充分挖掘出来，我们的农村才能够建设得更加有风格、有特色，发展前景才能更加广阔。

人类的发展本身就是一个进化过程，从原始到现代，从落后到先进，新的东西总是代替了旧的东西。不过，人们往往在喜爱和追求新生事物的同时也喜欢复古怀旧，这是一种互补关系。就像我们吃东西一样，每天吃一样口味的东西，再好吃也会腻。新的口味总是令人向往。正因为人类有这样的特点，我们应该注意和适应这样的特点。农村中存在的许多美感元素，是城市中所没有的，因此需要对这些独特的美感元素进行深入发掘与利用，只有这样才能打造出富有浓厚乡土气息的新时代下的农村。对这些独特的美感元素进行充分利用，打造出独具风格、特色与魅力的乡村景观，能够有效填补城市中人们生活的空白，使人们的心灵得到满足。

若想要最大限度地发挥乡村景观的优势，就必须加大农村自然生态环境保护的力度。不同的农村往往有着不同的景色，看到这样的美丽农村，谁不动心呢？

二、健康而美

农村与拥挤的城市相比，拥有广袤的田地用来种植各种农作物，自然生态环境较之城市，具有极大的优势。此外，农村的瓜果也比城市中的更加新鲜，因此在食品安全方面，农村也有着较大的优势。

人们日常生活所需的肉、蛋、奶、瓜果、蔬菜、粮食、鸡、鸭、鱼等大都产自农村。因此，农村的环境需要受到格外的重视，一旦出现水源、空气、土壤等环境污染，或是化学用品的超量添加，抑或是疫病的爆发，都相当于抓住了人们的命脉，对人们的生命健康造成严重的威胁与影响。俗话说"病从口入"，这已是不争的事实。现代人的健康已成为人们十分关注的问题，人们把活得健康、长寿作为人类的最大愿望来实现。健康才能快乐，健康是人类活动的基本保证，健康长寿是每个人的美好愿望，因此健康是美的。

我国历来重视和讲究饮食文化。在当今社会绿色食品越来越受人们的欢迎。为了实现可持续发展，在有限的土地上创造出无限的价值，必须发展安全科技，在保护生态环境、确保农产品健康安全的情况下，对农村进行发展建设，充分发挥农村的健康之美。只有这样，农村景观环境才会更加具有魅力，才会体现出自身的真正价值，才会实现人民的幸福安康。

三、开阔而美

所谓开阔之美，首先反映在视觉上，当人们眼前所见的是开阔的自然风光时，会生出一种喜悦、酣畅淋漓之感，得到一场痛快、舒畅的视觉审美体验，心境也会随之开阔。

宜人的环境会给人们带来健康的心态。周末假日期间时常到开阔的农村走走，放眼田园风光，参与一些有趣的采摘活动，放慢节奏在田间、林中散步，让心情得到彻底的放松。农村的广阔天地确实是缓解心理压力、使精神得到恢复的最佳去处。

四、宁静而美

长期熬夜、长期生活在喧闹的环境当中，人们的身体健康会受到难以想象的损伤，例如高血压、心律不齐、心率过速、过度焦虑等，不利于人体的健康发展。人体更加喜欢大自然的宁静之美，能从中得到充足的休憩，但是随着现代化城市的发展，人们越来越远离了大自然，而城市中建设的人工环境，无法与真正的大自然相媲美。人体所需要的有序性被破坏，变得失衡，映射在身体健康层面，人体就会出现越来越多的健康问题。从声音的角度来说，有序的声音就是生动悦耳的音乐，而那些无序的，就只能称为噪声了。噪声污染是大城市当中严重泛滥的污染之一，会对人体健康产生极大的不利影响与威胁。噪声对心脏和大脑会造成极大的伤害。近几年来高血压、心脏病、冠心病等现代病在不断增加，这不能说与嘈杂的环境没有关系。高血压、冠心病、神经官能症等许多现代病虽然仅仅是生理状态的改变，但是这些改变就是身体对恶劣环境的无声抵抗，对自然界来说，有序就是和风细雨，风调雨顺。无序就会造成季节混乱，地球变暖，自然灾害频繁。人类的生存主要是遵循自然的有序性，即周期节律性，也就是我们常说的生物钟，这是从自然界到人体普遍存在的法则。

当人处于安静的环境当中，有助于其休息养生，这就是中医所提倡的"神静养生"。在当前的现代化都市当中，安静的环境是一种很稀缺的资源，导致人们越发想要去寻求获取安宁的环境。而农村恰恰能够提供安静的环境，农村地广人稀，环境静谧，假若农村可以提供一定的疗养服务，那么一定会吸引大批的人前来休闲度假。

世间有许多事情都是在宁静的环境中实现的。除了有利于健康，宁静的环境还有一个特殊的功能，那就是为作家提供一个良好的写作环境。大多数作家都习惯于夜深人静的时候开始写作，他们为什么不能与其他人一样遵循正常的作息时间呢？这是一种无奈的选择，因为白天乱哄哄的环境实在不能让他们静下心来写作，只好白天休息夜间工作，但白天的嘈杂声往往又使人无法正常工作。而农村的宁静环境完全能为这些脑力劳动者们提供很好的写作环境。日本北海道富良野农村就有这样的案例：当地在山林间建造了一个自然、宁静、舒适、干净、美丽的小村庄，专门为写作人群提供优雅安静的居住环境，长期让他们在这里居住和写作。住在这里的作家可以安心写作，生活中的一切琐事都不用操心，有专门人员提供所有的生活服务。这也是当地农村发挥宁静的优势，促进当地经济收入的一大举措。日本著名电视连续剧《北国之恋》的剧本就是在这宁静美丽的小村庄中诞生的。电视剧的故事十分感人，引起观众的强烈反响，收视率极高，轰动了全日本乃至世界。北海道富良野农村的这个美丽小村庄也由此出了名，成为著名的旅游观光之地，带动了当地的各项旅游服务产业。文化促进农村经济发展成为现实，使当地的旅游业迅猛发展，同时也带动了其他行业的发展，诸如民宿、餐饮、土特产、旅游纪念品、交通等服务行业，解决了由于现代化生产方式给农村带来的剩余劳动力的问题，就业岗位明显增多。

五、朴实而美

自古以来农村就以自然朴实的美而闻名。朴实之美与农村人们平凡的生产生活有着密切的关系。它如实地体现了乡村景观的自然本质，反映了农村一定时期的经济文化、乡村功能要求以及景观文化背景。朴实之美无疑是乡村景观建设中所应追求的审美目标，需提倡自然的朴实之美。应该说，朴实之美是农村本土大地上自然生长出的一朵"乡村之花"，它虽不艳丽但与劳动人民十分亲近，它自然、和谐、温馨。

农村环境朴实无华、平淡如水，而城市环境五彩缤纷、灯红酒绿，二者形成极大的反差。农村的美是一种自然之美，农村美好的色彩来源于大自然，而非工业化的产物。如植物（树木、庄稼等）色彩、土地色、山石色、河川色、蓝天白云等都是自然色。自然色还包括天然材料色，如木材、石材、沙砾、鹅卵石、草垛、土墙草屋等自然色彩。从视觉上来看，自然色比较宁静、和谐、温馨。朴实之美有时也流露在手工制作的产品上。如用陶土制作的碗，粗糙的肌理留有人工制作的痕迹；还有人工烧制的砖瓦；用木材制作的水桶、木盆等等，这些用自然材料制作的人工制品，其共同特点就是朴实无华。农村大多数传统生产生活用具都是因地制宜、就地取材，通过传统手工艺制作成的。在农村这个环境当中，自然材料的颜色与原始工艺可谓珠联璧合，例如，在大自然环境中，传统的砖瓦房显得十分美丽和谐。这是城市无法取代和实现的。与现代化都市相比，农村的色彩更贴合人类本性，也显得更加淳朴、自然。这就是美丽农村的本质。生活在农村的人们应该为此自豪。

随着经济的飞速发展，乡村改造建设也在各地不断兴起。倘若把农村都改造成像城市一样，那么农村的个性美、朴实美、自然美也就随之失去了。缩小城乡差别不是指把城市的模式照搬到农村来，把农村城市化，而是在经济、文化、物质、公共福利、医疗、保险等各个方面与城市相同，绝不是造几栋洋房别墅之类只在表面形式上缩小城乡差距。农村建筑形态还是应该有农村本土传统的文化特色。自然朴实的美是农村土生土长的自然美，乡村老建筑具有传统风格，朴实无华，它因与自然环境和谐而美丽。发扬本土乡村特色，保持农村朴实无华的个性，才是原汁原味的、高品位的农村，才能吸引更多的城市人到农村来消费，品味农村的生活特色美。

农村环境质朴无华、舒适宜人、和谐静谧，能够给人们带来良好的感官享受，让人们流连忘返。将各种色彩堆砌在一起，只会显得杂乱无章而不是美丽，高楼大厦、亭台楼阁与花园庭院的有无也无法成为衡量一个地方是否环境宜人的标准，同时，每日山珍海味也不是生活富足的象征。美象征着和谐、统一、自然，只有这种美才是永恒的高尚之美。人与自然应当和谐交互，但是自然资源并非无限的，而是有限的，因此必须做到节俭，如此才能反映出一种高尚之美。在农村的景观环境中，真善美是其最重要的审美基础，农村的朴实之美才是独具特色的美，才是最能够触动人心的美。

农村拥有美丽天然的大自然资源是农村人的骄傲，保护家乡生态环境是农村居民的神圣职责，爱护家乡，建设生态农村才是最崇高的理想。朴实的美是真实的美、动人的美、永恒的美，是劳动人民的本色之美。

六、劳动而美

在农村，农民信奉着"种瓜得瓜，种豆得豆"这一劳动哲理，而这一哲理源自每个农民的日常经历，但是，对于城市里的人来说，这种经历就不是所有人都曾经历过的了。在农村，人们付出汗水与劳作，收获丰收，而对于城里人来说，这种种植、采摘的经历则显得无比新奇，能够使人从中体会到快乐与新奇，由此可见农村与城市的不同之处。不劳而获是万恶的根源，从小爱劳动一直是我们国家提倡的美德。尤其在现代科技发展的今天，许多繁重的劳动都被机器取代了，以车代步、以键盘打字代笔、用电脑设计代替了过去的手绘……洗衣机、洗碗机、吸尘器等家庭电器也让人们从繁杂的家务中解脱了出来。当前，现代化的科技为人们的日常生活提供了不少的便利，但是热爱劳动这一天性仍旧根植于人们的心中。劳动是人们得以生存的基础与前提，人们在劳动当中也能获取相应的智慧。因此，农村最为原始与基础的劳动原理就浓缩在了"种瓜得瓜，种豆得豆"这短短几个字当中了。所谓"种"，便是劳作，所谓"得"，便是"收获"，这朴实无华的几个字向人们传递出了若想收获必先付出的哲理，同时也对不劳而获这种思想进行了唾弃，对社会安定和谐产生了积极的作用与影响，也为青少年的成长奠定了良好的基础。

体验农村生活，其中很重要的内容就是生产劳动，劳动是一个很好地接受教育和认识的过程。很多城市孩子五谷不分，不知道粮食长什么样，更不知道那些水果与蔬菜是如何生长的，不了解种植的辛苦，因此不爱惜、不尊重劳动果实，浪费的现象十分严重，劳动不仅给城市人带来一定的体验和快乐，同时还丰富了知识，使人受到一定的教育。"劳动光荣，劳动而美"的理念是培养青少年全面发展的重要基础。

第四章　乡村景观规划与设计中的美学内涵

本章主要讲述乡村景观规划与设计中的美学内涵，从三个方面展开叙述，分别是乡村景观规划与设计中的生态美学，乡村景观规划与设计中的环境美学和乡村景观规划与设计中的地域性美学。

第一节　乡村景观规划与设计中的生态美学

站在人类和自然和谐相处的角度，人们提出了生态美学的方法论，将人类的生产生活与生态的发展有机结合在一起，将人们对幸福生活的憧憬与人与自然和谐共处相联系，从而实现建设美丽乡村的发展目标，达成人与生态完美融合的目标。

为了体现人与自然之间所具有的整体性，生态美学把人的身心发展与生态结合，要求人与自然和谐共处，在发展经济的过程当中，同时注重自然生态的保护。由此，人与自然生态之间的和谐发展就形成了一种整体性的思考，同时也更具备美学特色。很多专家在研究生态美学的同时，往往也会钻研美学，但是对于生态美学的研究，要立足于现实，理论与实际并不是割裂的，二者相辅相成，由此才能更好地将自然规律与人类发展融合在一起。生态美学也要扎根于普通的群众，结合审美倾向，站在人民立场上，才能从真正意义上实现建设生态文明与美丽乡村的目标。

一、乡村景观规划设计与生态美学的融合内容

（一）生态美学与建设美丽乡村的契合

我国美丽乡村承载着人民群众的理想与期冀，是人们的心灵家园，更是精神寄托。建设美丽乡村不能仅局限在外表的富丽堂皇上，还要重点打造其丰富的能内化内涵，不仅要有相应的产业作为支撑，还要承载一定的文化，如此才能促使其持续稳定地发展。只有经过了美学理论的层层指导与生态理论的检验之后，美丽乡村才可以得到可持续的发展。随着生态文明时代的来临，产生了一门新兴学科，即生态美学，其承载着生态智慧，为建设美丽乡村提供了理论指导。

1.美丽乡村景观中的生态美学价值体现

从古至今，人们为了能够直观感受到乡村山水中的自然风光，采用了多种手段，例如写作、题词、作画、园林建设以及风水建筑等，让脱离了乡村生活的人们得以享受到田园风光，领略其中的美好。与此同时，这些对乡村生活的刻画不

仅仅呈现了乡村之美，更寄托了人们的价值需求与审美观念。随着社会的发展，我国也由农耕社会、工业社会逐渐转化为信息社会、生态文明社会，在这一过程当中，人们的物质生活得以丰富，但是山水之情却被抛之脑后，人们渐渐遗忘了乡村的自然风光。但是在自然环境保护方面，乡村起到了不可忽视的作用，例如净化空气、调节水体净化、提供人类日常所需等。由此可以看出，随着城市化的不断推进，乡村也能更充分发挥出其生态功能、生产功能、生活功能与人文功能。乡村的有机性和原真性得以展现，人们也从中获取了一定的归属感。生态美学的理论基础由此而得到了丰富，建设美丽乡村的生态美学价值得到进一步的展现。

2. 美丽乡村景观中遵循的生态规律

在构建美丽乡村的过程中，首先，必须注重与生态空间的契合，使乡村整体走向自然化、有序化的方向，努力实现人与自然、城市与乡村的和谐共处。比如，村落的建筑、街道的布置，完全顺应大自然的规律，水塘、小河等的排水体系要保持干净，农村公路的空间干净整洁，不留有杂物。其次，美丽乡村的建设不能只考虑村民的利益，而应该尊重、保护、传承地方的历史。乡村的历史又称"乡村文化"，既是农村优良传统的积淀，又是乡村的"血脉"与"精神"。在对乡村景观和农业文化的发掘过程中，要充分反映乡村的生态内涵，科学合理地利用乡村的生态资源，反映乡村的地域特点，实现"一村一景""一村一品""一村一韵"。在设计过程中，还应考虑到村民的生活幸福感，在与生态自然相融合的前提下，突出人与自然生态关系的整体性，构建"天人合一"的田园美景。

（二）乡村景观资源与生态美学的契合

1. 人类与自然的融合

"山—水—田—居"是农村景观的理想发展模式，以"山—水"为代表的自然生态景观组成乡村景观，强调人类无论如何发展，都不能脱离最基本的生态环境，在过去、现在和未来的发展中，都要尊重和保护好自己的生态属性。而研究生态美学，既能唤起人们的生态意识，又能引导人们树立正确的生态观念，提高人的生态素养。在创建美丽乡村的过程中，应立足于农村的实际，立足于本地区的实际，在保护好自然资源的前提下，大力推进美丽乡村的生态工程。

2. 生存与生活的诗意

创造一个适宜人们生活和工作的优美、和谐的生活环境，是我们建设美丽乡村的终极目的。从生态美学的角度出发，住区建设既要注重形态的塑造，又要注重人居环境的生态效益和审美价值。比如，民居不仅是村民的住所，也是当地民俗的体现；居民居住环境不仅要整洁，还要有乡土风情；这里不但是乡民休闲的地方，也是乡愁与归属感的所在，由此便构成了一幅美丽的画卷。

3. 动态与静态的平衡

生产性景观是乡村景观建设的基本要素，以林牧渔业为主体的生产性景观是乡村景观开发的重要内容。以自然资源为基础，通过人的主观能动性，创造出一种能够满足人类生存和生产需求，并能提高人类审美水平的场所。因此，乡土景观具有多方面的生态、经济和美学价值。在现代化的大背景下，乡村生产方式逐渐发生了变化，在进行生产性景观营造时，必须重视人与自然的相互作用，加强人与生产环境之间的对话。

4. 传统与现代的传承

乡村文化是乡村的灵魂，当地传统文化经过了漫长的"沉淀""提炼""升华"，形成了一种特有的文化价值。在美丽乡村的规划中，如何对其进行合理的开发与利用，并将其打造成富有地域特征的标志性场所，是美丽乡村建设中值得关注的课题。在城市化进程中，人们对于"自然美"充满怀恋，从居住、饮食到语言、服装，从日常生活到民俗风情，都折射出乡村浓郁的区域特色，它是人类情绪宣泄的场所，也是乡村这块圣地的沉淀和传承。

（三）乡村景观规划设计中生态美学特征

1. 生态和谐美

当前，人与自然的矛盾日益加剧，人与自然和谐之美的重要性日益凸显。传统园林设计从注重"美"入手，将"生态"与"审美"有机结合，从本质上契合生态美学倡导的生态自然观，二者都致力于维护人类自身的生态环境，注重维护自然，从而实现人类与自然的和谐共生。

2. 生活诗意美

与城市相比，乡村的自然环境更接近于大自然，它有着丰富的自然景观资源，与自然景观更接近，是一种极其富有诗意的居住环境。诗意栖居体现了人类对于生存和生活的美好追求和期盼，体现了人类对生活和艺术的憧憬。乡村的生态和谐，对于诗意栖居的存在与发展起到了至关重要的作用，在地域文化、民族文化背景下，也发挥着独特的功能。将民居融入自然山水之中，营造出一种有序而美好的田园生活。只有在真善意智美构成的全生态环境下，才能让乡村生活实现真正的宜居，并向着诗意栖居迈进。

3. 生产活力美

我国作为一个古老的国家，农业生产和农业经济在我国占据着举足轻重的地位，《诗经》作为最早的诗歌选集，记载了大量先民"择地而居，种地而栖"的和谐场景，体现了生态美学中的生产之美。作为人类生存的一种方式，农业生产有其独特的历史和文化背景，在耕作过程中，人们可以通过耕作，或与具有农业审美价值的具体形象联系，获得审美体验和感情的升华。人在有意识地维护着其完整性和可持续性，刺激着工业发展，满足着人们对生活的基本需要，营造出一种人与自然和谐共处，人们得以安居乐业的生态环境。

4. 人文艺术美

乡村人文景观是一种具有历史意义、文化价值和艺术价值的文化景观。人文艺术是以审美为基础的，它是人们在生态美学的帮助下，通过对自然的崇拜和模仿而逐渐发展出来的。人文景观最大的特点是凸显地方特色，体现乡土生态审美取向，激发生态艺术潜能。人与自然的和谐共生，是创造艺术的先决条件，也是人对大自然的追寻。

二、乡村景观规划设计与生态美学的融合建设

（一）生态美学在乡村景观规划中的可行性

1. 生态美学在乡村环境中的定位

随着人类的生存和生态危机的日益严峻，生态思维的研究范围逐渐延展到人们的日常生活。这种危机不仅唤醒了生态学及与之有关的学科，更唤醒了人们对人性的审美意识。生态美学就是顺应这一趋势产生的，它体现了人们对生活环境日益美好的渴望，体现了人们对社会责任意识的强烈渴望。生态美学就是重新审

视人与自然、人与社会的关系，探索人与自然的发展规律，从而为解决与人类息息相关的生态危机提供科学的理论依据。由此，我们可以看到，生态美学就是将生态思想和价值观融入美学之中，提升了人们对于人与自然和谐共存的理解，扩展了生态学和美学的研究范畴，同时也为乡村生态美学的可持续发展打下了扎实的基础。

我国乡村生态美学的崛起绝非偶然，它的产生有其深刻的文化底蕴。乡村生态美学是农民对乡村生态环境的审美认知与感受，直接影响到乡村居民与游客对乡村生态的审美评价与态度。生态美学诞生于生态批评文学，我国古代生态美学的历史悠久，为其构建提供了丰厚的理论基础和现实基础。因此，"生态审美"在我国乡村具有很大的实现空间。

美丽乡村建设的目标是创造一个健康美丽的乡村景观，在美丽乡村建设中，必须做好乡村的美化工作，而生态美学在其中起到了重要的导向作用。目前，我国农民的生态审美意识日益增强。崇尚天然无污染的服装与家具，选用"绿色"无添加物的食物，青山绿水环绕的人居环境，以及各种生态技术应用于乡村生态、生活、生产等各个领域，都是当今社会生态审美理念的具体表现。总之，针对上述问题的探讨，可以为营造乡土园林的生态美学提供实践基础，而这也是今后生态美学研究的重点。

2. 生态美学的视野——多维化生态

生态美学在乡村景观营造中有着广阔的视野，它既是从美学本身出发，又是从生态的角度出发，对其内部结构进行了特别的探索，使其研究对象和研究内容得到进一步的丰富和扩展。

当前，我国乡村生态环境面临的最大难题是人与自然的和谐相处。乡村建设对提高农村生活质量具有重要意义，但也带来了很大的问题。其中，乡村生态环境恶化问题最为突出。推进乡村生态平衡，既要注重自然生态，又要注重文化生态与精神生态的有机结合，关注整体的生态，达到有机统一。

随着科技的飞速发展，虚拟生态空间逐渐走到了人们的日常生活当中。数字化时代对乡村传统审美观念产生重大影响，大数据充斥于日常生活当中，乡村人居环境构建因而面临着严峻的挑战，从而使美学体验有了新的视角。随着科技的发展，人们的生活方式与认知方式发生着深刻的变化，一方面，借助大数据，我们可以更好地理解人体的生理状态，更好地维护人体的健康；另一方面，数字媒体提供的影视、音乐、戏剧等多种艺术形态，为人类提供了丰富的审美体验。数字生态空间的出现，不仅为乡村景观建设提供了一种新的视角，也为本土美学的发展打开了一条新的途径。

（二）基于生态美学的乡村景观规划设计要点

1. 动植物资源

通过改善动植物栖息地，提高动植物的生存力，达到生物多样性平衡，促进乡村经济健康发展。

2. 山水资源

为保护村落原有风貌，要避免挖山填塘，创造山水相宜的田园景观。

3. 林地资源

充分利用乡村森林生态景观的优势，将乡村地区划分为不同的区域，使之与现存的自然、人文环境相协调，体现地方特色。

（三）基于生态美学的美丽乡村景观规划原则

1. 审美性原则

中国道教素来推崇"道法自然"的山水审美观，这在古人的山水画上就有所体现，古人对山水树木等田园景物非常热爱与重视，其绘画并非仅仅对大自然的简单再现，而且蕴含着画家对周遭事物的审美意识。很久之前，远古先民已经对田园风景有了整体性的认识，其"天人合一"的精神意象至今仍在流传。而在西洋众多的风景画中，乡土风景画却呈现出迥异的形式美，这充分说明了美学原则在山水画创作中的重要性。审美原则是美丽乡村景观建设必须遵循的一条重要原则。乡村风景之美，最直观地体现在其外部形式上，例如，农村的地势、农村的建筑风格、农村的颜色比例、农村的环境结构等。除此之外，还有很多隐性的美学形式，如人的嗅觉、触觉、听觉、体验、记忆、联想、人与动物、人与自然生态之间的互动等。山水是一幅自然主义的画面，而田园风光则是一幅包含了多样性、统一性和整体性等多种自然形态的图画，它运用连续性、对比性、结构原则和技术，对比、整合和调整乡村景观的形态、规模、色彩、材料等要素，以体现乡土的形式美。美丽乡村景观的审美原则主要有自然审美和心理审美两个方面，而这也成为衡量乡村生态的重要标准。

2. 生态性原则

在进行美丽乡村景观规划时，应充分尊重乡村自然生态环境，合理利用各种自然资源，避免破坏生态环境。

我国将"绿水青山就是金山银山"理念深入贯彻落实，并积极推动"两条腿走路"，推动乡村治理。从生态美学的角度出发，在对乡村景观进行详细调研的基础上，结合生态美学的相关理论研究，加强各层次生态要素、自然植被、现存物种等的异质性，优化配置，以达到生态、经济、社会效益的最大化，达到人与自然、社会的平衡与协调，促进乡村的良性发展，为村民营造诗意栖居的人居环境。

3. 功能性原则

美丽乡村的景观模式取决于其景观功能。在生态、居住、生产及人文景观等方面，以不同的功能定位，营造出"生态—人文—经济—社会"一体的乡村风貌。这就需要我们在发展乡村经济的时候，更加重视对乡村的自然生态和文化的保护和传承，在景观资源保护、改造和发展中，不可避免地产生了一些冲突，其中最重要的问题就是如何协调两者的关系，使其得到更好的发展和利用。

根据生态美学特征，乡村可以被划分为：生产区、生态区、生活区以及人文区。生态区的功能主要体现在审美因素与自然因素两方面，以生物多样性和地域多样性为依据，对乡村原生态的生态景观进行保护，使其呈现出优美的自然风光；生活区的主要功能是"住"，应围绕人的行为和心理感受设计，体现出一种"田园"的居住氛围；生产区以农业文明为基础，通过发展农业生产，将乡村生产与景观有机地融合在一起，形成独特的乡村景观；人文区将乡土历史故事、民间传说、民俗习俗、风水观念等整合，在继承乡土文化的同时，也凸显了乡土特色。

4. 可持续性原则

充分利用可持续发展原则能够促使自然生态与美丽乡村建设协同发展，我国将可持续发展界定为：既要满足当前需求，又要保证子孙后代的需求，包含生态层次、经济层次和社会层次。坚持可持续发展的原则，即要尊重自然，减少人类对自然环境的损害，提高乡村环境的承载力，保护并保持乡村的自然与人文环境。

在美丽乡村景观规划中，要采取恰当的规划策略与措施，对乡村的资源与人文景观进行科学可持续的开发与利用，实现乡村经济、社会、生态的和谐发展。

（四）基于生态美学的美丽乡村景观规划策略

1. 维护生态原真和谐美的乡村生态景观

乡村自然生态的原真性是生态系统可持续发展的和谐之美的体现，在进行美丽乡村景观规划时，要科学地、合理地运用、开发、保护自然景观，让其保持本来面目，提高生态景观质量，从而为建设生态宜居的美丽乡村作出贡献。

（1）规划保护生态景观，维护乡村原真美

从地理学的角度来看，"田园风光"由诸多自然要素组成，包括地形、气候、水文、土壤、植被等。在乡村景观中，自然性是其社会属性的必要前提，乡村自然性能够最大限度地体现自然环境的原真美，因此，保护乡村自然性在美丽乡村建设中显得尤为重要。我国乡村地区自然条件复杂，自然资源丰富，但因各地自然资源构成的差异性，各地乡村景观存在较大差别。例如，在高海拔区域，就有垂直的山地高山景观，山区农业生产景观与它所处的地形地貌有很大关系，依山而建的梯田就能呈现出地形的不同特点。

我国人自古以来就具有"天人合一"的生态哲学，它认为人类的生存是一种和谐的生活方式。生态美学视野下的美丽乡村景观规划，要将人与生态环境视为一体，充分发挥自然的能动性，使其各要素在各方面都能协调发展，尤其是维护人与自然之间的紧密关系，但又要维护人与自然的独特性。在乡村，我们不能过度干预自然发展的规律，也不能过多地干扰当地的风景，更要注意尊重其原真美。在人工干预下，最大限度地将自然美呈现出来，使人们能够更好地融入大自然，感受人与自然的和谐。

（2）科学运用生态技术，增强乡村可持续美

随着美丽乡村建设的推进，乡村功能不断完善，人民生活质量不断提高，居民生产活动日益活跃，但受人为干扰，其自我修复能力却日益薄弱。乡村景观环境包括自然环境和人工环境，其可持续发展依赖于人的管理。乡村可持续发展就是要合理地保护与恢复自然生态环境，实现人与自然、社会和谐发展

实现美丽乡村景观的可持续发展，关键在于对其进行合理的开发和利用，即

通过科学的生态技术，实现对自然资源生态功能的恢复，促进自然资源的良性循环，充分发挥乡村自然资源的生态环境效益。比如，乡村生态水岸的构建，是对具有城市化倾向的河道进行改建，同时改善其周围的生态环境，通过在裸露的河滩上合理配置植物、增加自然坡面、加强河堤等措施，不仅能为生物提供合适的生存环境，还能创造优美的自然湿地景观。

只有停止对自然的无休止的开发与剥夺，才能真正做到人与自然的和谐、平等共处。结合当地实际，选用合适的生态技术、材料等，扩展绿色生态，实现美丽乡村景观和谐发展。因此，应提倡"以人为本"的"生态美学"，力图使人类与大自然和谐共存。

2. 构建生活诗意栖居美的乡村生活景观

乡村景观是一个有机的整体生态体系，在不压制乡村居民生存空间的同时，将其自身的美学价值融入乡村景观之中，从而提高其生活质量。村落的生态景观与诗意居住对于乡村居民，甚至是全民族的生态审美，都有着不可忽视的价值。人类的审美活动总是与美学意境相联系，与自然亲近，与山水相融，在充满诗意的人居环境中生活，应是每一个人的共同追求。

（1）优化景观空间格局，改善乡村秩序美

从景观生态学的观点出发，乡村景观的功能是以各种类型的景观元素构成的空间模式为基础的，提高其整体结构的完整性是保证其功能与价值的关键。"斑块—廊道—基质"模式被应用于景观生态学的研究，指出所有的景观组成都是由最基本的要素所组成。基于此，该研究从生态美学的角度出发，通过精细地掌握乡土景观的实际情况，并结合生态美学等有关理论研究，加强乡土生态要素、自然植被、现存物种等要素之间的关联，实现大、中、小三个层次的乡村景观规划，实现生态效益和经济效益最大化。

①设置生态廊道。我国乡村拥有丰富的乡村生态景观资源，确定乡村"山—水—居—田—林"的生态格局是实施美丽乡村景观规划的前提。生态廊道是以植物和水体为主体，具有保护动植物多样性、过滤污染和防治水土流失等重要作用的生态系统。根据不同的功能需求，国内外学者针对不同的环境，提出了不同的生态廊道宽度值。在乡村，多为以河流、公路、绿化带等为主体的线性生态廊道。要使乡村的自然生态景观得到有效的保护，必须按照生态美学的需要，合理地选

择合适的廊道宽度与类别。

②保护生态斑块。在自然因素的影响下，乡村景观的生态斑块是一个独立的自然资源集合。生态斑块中较大尺度的，面积大且分布集中的，以农田、水体等为主。在生态美学的指导下，可以采用良好的保护机制与合理规划对其进行形态与结构的优化；中小尺度生态斑块则"镶嵌"分布于聚落景观、江河湖泊等景观中，通过保持较高聚集度的斑块，适度整合零散的小规模斑块，达到景观空间优化。结合这些特点，将各地块的产业结构进行合理配置，使之成为自然优美的乡村生态景观。

（2）整治人居生活环境，营造乡村诗意美

目前，我国农村人口不断外流，乡村建设用地指标日趋紧张，导致乡村空间无序扩张和乡村治理低效。只有在坚持以人为本、尊重自然的基础上，将人口引流、环境承载力、产业发展以及村民的风俗习惯等因素结合起来，才能有效地管理乡村人居环境。在设计中，既要尽量不浪费公共资源，又要融入生态审美观念，营造出一种"诗意"的人生之美。

①优先自然空间布局。在空间结构的优化上，注重乡村自然山水格局保护，对于传统村落，要注意保留传统的街巷格局，有针对性地进行特定的空间布局，同时要保护好乡村的生态林地、水域以及周边的农田，以最大限度地保留乡村的天然肌理。

②改善建筑整体风貌。美丽乡村规划是以建筑风貌评估为依据，将现存的建筑保护等级、价值等要素有机地结合起来，采取修缮养护、整治改造、拆除危房和违章建筑、恢复重建等方式，对乡村建筑进行改造，提高整体美学水准，营造诗意栖居的人居环境。

③规划道路交通系统。农村地区的地形环境复杂多变，这就要求公路交通建设要尊重自然，因地制宜，分层规划，在保护山区、水系、聚落等生态景观的基础上，采取"穿、环、绕、断、串、回"等方法进行乡村道路的布局，形成一套美观、完备的农村公路运输系统。

④完善公共基础设施。在维持生态平衡的基础上，对乡村的绿植绿化、公共空间以及滨水景观进行改善与提升，鼓励使用乡土果蔬、乡土花卉等形成多样化的、具备乡土特色与气息的自然绿化景观。

⑤提升公共服务建设。通过完善市政、行政、商业、人文、医疗等配套设施，完善乡村公共服务，改建停车场、公共厕所、活动中心等公共设施，增加公共活动场所，为村民提供便利的生活环境，提高其生活质量，充分展示美丽乡村生活的诗情画意。

3. 推动农业生产活力美的乡村生产景观

农业景观空间既是生产活动的场所，也是乡村居民及外来游客观赏、体验的自然生态空间。要通过强化农业景观的差异性、提高其空间多样性、激活农业生产空间，促进农村产业发展，进而促进乡村旅游的发展。

（1）整合农业景观资源，提高乡村融合美

作为乡村景观构成元素的乡村农业景观，其对景观和生产方式的感知是其生态美学价值的体现。农田生态景观、果林景观、生态林地景观与生活、生产、生存空间的有机结合，对于乡村农业景观的建设至关重要。在生态美学视野下的美丽乡村景观规划，要在保证农业良性发展的基础上，把各种有生产效益的自然景观进行空间整合，通过区位、空间、肌理等要素之间的关联，保证农业生产景观的自然与和谐。

①农田景观。乡村农田景观是在长期的历史变化过程中，为满足村民生活需求而形成的一种具有生态、经济和审美三重价值的乡村景观。为了更好地保护历史上留下的耕地空间，可以结合村落独特的地貌特点，在山地中合理开发，融入自然，顺应自然空间纹理。同时要以美学原则为依据，综合考虑耕地的生态特征及多样性特征，合理配置农地，实现高生态效益。

②果林景观。果林景观既是由果树种植营造出来的空间，又是一种局部生态系统，具有较高的生态效益。果树园选址十分重要，应综合考虑区位交通、土壤条件、微气候环境、景观视野等要素，同时要遵循生态第一的原则，避免资源的过度开采。同时，要将本地工业与地方特色结合起来，开发出具有地方特色的相关产业，并在保留原始生态条件的基础上，实现人与自然的和谐共生。

③生态林地景观。我国有丰富的农田防护林、公路林、山地防护林、水源涵养林等生态景观，这是维护乡村生态系统平衡和乡村景观生态安全的关键。因此，可以通过营造"绿色廊道"来加强林地与其他景观空间的联系，使各种景观空间相互结合，同时保留林地多层次结构的异质性，提升林地景观的丰富

度，展示乡村景观的多样性。

（2）精准规划特色产业，促进乡村活力美

当前，把乡村产业和乡土特色有机地结合起来，有助于改变和发展传统的农村产业，对促进我国乡村经济的发展具有重大意义。通过对乡村特色产业的精准规划，可以提高农业的创造力和趣味性，创建有特色的乡村产业品牌，从而提高农民、游客的生态体验感，促进乡村产业的发展。从生态美学的角度来看，乡村景观的规划设计，主要是以美学体验为中心，通过营造优美的田园景观，突出乡村产业的生态美学价值，通过审美功能提高乡村产业的附加值，提高农户的生产经济效益，是促进美丽乡村建设的一种重要措施。农村的农业资源非常丰富，从第一、第二、第三产业来看，准确地规划各产业的区域布局，优化乡村的产业层级，从而逐步形成农业观光、农事体验、农旅休闲等产业，融乡村生态、休闲、娱乐、生活于一体，为发展乡村特色产业创造良好的条件。

①生态智慧型农业产业。构建生态智慧农业模式，对促进乡村产业的繁荣发展具有重要意义。通过搜索引导、话题引导、态势分析等方法，从"生态美学"的角度出发，发掘乡村产业的热门话题，结合村民与游客的兴趣，有针对性地构建特色产业，为他们提供个性化、人性化的服务，从而提高农产品的使用效率，增强乡村景观的互动性。

②生态效益型农业产业。以生态美学思想为指导，以保护自然生态环境为第一要务，以保障农业生产的生态化、绿色化和健康化，进而推动乡村景观的可持续发展。通过生态技术和物质转化等方法，使生产型景观具有更大的创新能力，从而实现生态效益的最大化。

③生态结构优化型农业产业。乡村产业是由第一、第二、第三产业共同构成的，为更好地激发农村的活力，合理地开发农村的农业产业资源，为发展第二、第三产业奠定良好的基础，为三个产业的发展创造条件。同时，第三产业的发展也带动了第一、第二产业的发展，形成"1+1+1>3"的效应，提高了农户的生产积极性，推动了农村的产业发展。

4. 传承人文传统艺术美的乡村人文景观

带有浓厚的历史与传统色彩的乡土人文景观，持续积淀着乡土文化，并反映出独特的美学意境，富有浓郁的乡土气息。乡村人文景观的传承实质上是挖掘其所包含的历史、故事与传统，在保留地域文化特征的基础上，建构一种兼具传统艺术美感与丰富文化内涵的乡村景观。通过对乡村历史和文化的追溯，创造一种有归属感和纪念意义的地方景观，从而使乡村的历史文脉得以延续。

（1）传承传统民俗风情，延续乡村人文美

从广义上讲，乡村景观的传统场所精神包括了乡村地理地貌、气候等自然精神及其所孕育的人文精神。从狭义上来讲，它指的是对自然环境的运用与呈现，可以通过人的精神知觉和行为参与传达，其中蕴含着五感体验、精神共鸣等层次的场所感与归属感。

①景观保护方面。要注重乡村的历史文脉的传承，比如，纳入乡村的社会文化和各种乡村人文元素，加强乡村历史人文资源的保护，保留乡村独特的地方文化符号，增强乡村景观的归属感与文化意境。这些带有乡村历史记忆的风景，既有自然风景的价值，又有文化的历史意义，能给人以历史积淀。比如，一座与神话相关的大山、一幢饱含历史气息的房屋、一条饱含着村民儿时记忆的青苔小路，都是记载着村落时代变化的文化符号，蕴含着人们独特的历史情感，通过传承与保护的方式，保留了村落的人文之美，推动村落的可持续发展，增强村民对乡村的归属感。

②景观规划方面。要将乡村原始的人文景观元素充分挖掘出来，既要挖掘具象的人文要素，又要挖掘抽象的人文内涵，通过还原与再现的方式，唤醒人们的记忆与情感，要综合尊重乡村的传统民俗风情，挖掘富有地域魅力的地域精神，反映乡村的地域特色。其中，具体的人文要素通常情况下是指可以看到的、触摸到的、体现乡村历史变迁的实物。如食品、农具、衣物、建筑等；抽象的人文内涵则主要是在乡村历史发展过程中所积累的人文精神，例如传统节日、民间风俗等。

（2）丰富文化体验形式，激活乡村参与美

乡村人文景观呈现出多种形态，既有上文提到的特定的人文要素，又有抽象的人文内涵，使人们在建造的景观之中，可以真正地体会到乡村的历史变迁。生态美学视野下的乡村景观规划，强调以人文景观的审美取向为首要目标，把多维的自然情景与人类的知觉体验融合起来，并与生态美学中的参与美融合，达到情景交融的审美体验。运用各种艺术方法，提升乡村人文景观的品质，提升人文景观的意境，并与地方的人文意蕴融合，使人的五感融入生态，与自然共振，与场地对话，满足体验者的感受与需求，将游客的情感融入山水之中，让游客的情感与景色产生充分的共鸣。乡村通过多种方式展现民俗风情，使人们的五感体验沉浸于所创造的景观中，例如，乡村博物馆是一座集乡村建筑艺术、民间艺术和生活习俗于一体的地方，戏台则是展示乡村乡土文化的主要载体之一。

三、生态美学乡村景观实例

（一）娄底紫鹊界梯田

位于湖南省娄底市新化县水车镇的娄底紫鹊界梯田坐落在海拔 500～1200 米的地方，在历代汉族、苗族、瑶族、侗族等先民的不断开垦下，形成了当今的规模。该梯田共计 8 万余亩，500 余级，自下至上盘旋，具有非凡的气势，因此被誉为"世界灌溉工程遗产"。该梯田大多是水梯田，种植了许多的水稻，随着季节的更迭，形成了不同的自然景观，春季，万物复苏，山坡郁郁葱葱，春意盎然；秋季，满目金黄，翻腾着秋收的喜悦。该梯田的灌溉体系也与众不同，岩石、植被、土壤等密切配合，山体涵养水源，土壤调节水源流速，岩石作为支撑，防止山体滑坡，由此形成了绝佳的灌溉系统。这独特的灌溉技术来源于代代相传的农民们的生产经验，古代先民很早就懂得了环境保护与因地制宜的哲理，因此形成了完整的耕种体系与耕种文化，成为梯田农业生产性景观的重要组成部分。

紫鹊界梯田是传统农业文化下智慧的结晶，蕴含着无数劳动者的辛勤汗水与智慧。在 2005 年，紫鹊界梯田被列为国家级的风景名胜景区，受到了越来越多人的关注，成为热门景点。在发展旅游时，需要对紫鹊界梯田进行区域的划分，而划分的因素在于海拔与区位的差异，由此便可以针对性地开展各式各样、不同风格特色的相关活动，以使梯田景观的多样化特色得到进一步的完美呈现。此外，政府部门对其给予政策与资金支持，并充分对其所蕴含的农耕文化进行宣传，从而吸引更多的游客前来参观。在这里，人们不仅可以感受到气势磅礴的梯田所带来的心灵上的震撼，还可以寄情山水，融于秀美的山林、蜿蜒的溪流、柔美的雾海当中，得到感官与心灵的极致享受。

（二）长沙湘都生态农业园

在长沙市宁乡市大成桥镇永盛村，坐落着一个知名的农业园，即长沙湘都生态农业园，该农业园占地高达 2600 亩，下设了诸多产业与项目，例如科普教育、旅游观光、休闲养生等，因此成为国家级"四星级休闲农庄"，吸引了众多游客前来观赏。该生态园区主营农产品种植，将蔬果种植与传统养殖作为产业支撑，因此园区内物种丰富，有百余种瓜果蔬菜以及家禽、鱼、鸟等，并结合相关特色，打造了农乐园、文化展厅、博学园等多个特色展馆。在这里，人们徜徉在花海之中，目之所及，是五彩缤纷的花朵，鼻尖轻嗅，是花朵的芬芳，这是一场视觉与嗅觉的盛宴，亦是一场绝美的享受。该生态园区还引入了现代化科技，使整个生产环节变得更加透明，食品的安全、健康、绿色得到了保障。此外，生态园也为相关的教研实践提供了学习平台。为了满足游客们的不同需求，生态园区还开设了动物饲养、蔬果采摘、亲子活动、科学讲座等活动项目，从而实现效益的增加。在这一系列的活动项目下，第一、第二、第三产业得以深度融合发展，乡村旅游与现代农业也得到了更好的融合与发展，二者相辅相成，形成了稳定的、可持续发展的经济模式。

将"绿色庄园、生态产业、健康生活"作为发展理念，是湘都生态农业园这一现代新概念庄园的发展特色。秉承着这一发展理念，价值链、安全链、产业链得以融合，并形成了第一、第二、第三产业。产业链的完善要从田地开始，到摆上餐桌结束，在每一个环节当中，都对农产品进行意义的赋予。着重关注土壤、水源、肥料、制度、方法 5 个要素，确保每个要素都按照规定的生产标准开发，由此才能使农产品的质量得到保障。湘都生态农业园因地制宜，对产业布局进行合理的规划，大力开发生态旅游、休闲度假等相关项目，将生态种养作为核心，吸引了大量的游客前来，使效益得到了大幅增长。此外，还对基础设施进行了完善，将现代化科技引入其中，从而提高生产效率。某种程度而言，湘都生态农业园是农业和旅游的结合体，而其中完善的温室大棚、防虫害设备、监控系统以及供水施肥设备，更让其发展成为优秀的农业生产基地。在这些基础之上，农业种植体验、科普教育、旅游观光等项目的开发，更将其中的价值深层次地开发出来，由此打造出了现代化、科技型的旅游乡村。

第二节　乡村景观规划与设计中的环境美学

20 世纪 60 年代，近代科学技术的发展为人类大规模的开发建设提供了方便，但也给环境造成了巨大的影响。为了满足社会生产生活的需要，排放污水、乱砍滥伐、毁林开荒等频繁的人类活动使得自然环境遭到严重的破坏，导致人类生存环境日益恶化，使其审美价值逐渐丧失，在这一背景下，环境美学应运而生，并受到景观学、美学、建筑学等众多学科的重视。环境美学在经历了几年的研究之后，已经发展成一门理论与实践相结合的交叉学科。

环境美学是后现代语境下对美学的拓展研究，是在 20 世纪后半期逐渐兴起的美学概念，罗纳德·赫伯恩在 1966 年发表论文《当代美学及自然美的忽视》，为环境美学的确立与发展起到重要的指引作用。[1] 陈望衡认为环境美学是一门应用性学科，是研究人类日常生活中审美价值的学科，生活是其主题，人与自然的关系问题是其研究的基本问题。[2]

上述是各国学者对环境美学研究成果的总结概括，而本书则将环境美学视为一种基于美学角度研究环境问题的哲学。其将环境定义为一种主客体共同打造的环境形象，是一种被人为改变了的自然环境、生存环境和生产环境。从大的范围来看，其研究对象为自然环境、农村和城市环境；从小的范围来看，其研究对象涵盖了人类生活的私人空间、公共空间以及山、水、石头等自然元素，同时也包括人类的审美体验。如今审美体验日益受到人们的重视，而环境美学从宏观的视角对审美活动进行探讨、思考和研究，这正好弥补了大环境下审美体验的缺失。它是人们精神世界不可或缺的一部分，反映出美学对现实生活的关怀。简言之，人类生命活动的原则，人与自然，社会和生态之间的审美关系，就是环境美学研究的对象。

景观是最能体现环境美的事物，它既包含客观的物质要素，也包含主观的心理因素。景观中的"景"是人类生活的感知表现，除了一些山川、草木以及河流等自然元素，还包括人文以及生产等元素；"观"则是物质与精神的融合表现，是

---

[1]　聂春华. 罗纳德·赫伯恩与环境美学的兴起和发展 [J]. 哲学动态，2015，（2）：91-98.
[2]　陈望衡. 环境美学是什么？[J]. 郑州大学学报（哲学社会科版），2014，47（1）：101-103.

欣赏主体对"景"的干预与介入。所以，乡村环境美的表现形式是乡村景观，而村民是欣赏主体，其环境是欣赏对象。乡村环境美只有在村民对自己乡村环境的感情创作中才能体现出来，是村民对乡村景观的人为干预，但乡村环境美又进一步熏陶着村民的审美感受。

一、乡村景观规划设计中环境美学特征

（一）共生性

乡村环境所包含的元素有 3 个，即生产、生活和生态，且三者相互融合共存。乡村环境之所以能够呈现出这么好的审美效果，关键在于生产、生活以及生态的和谐统一。倘若这三者其中一个元素失衡或是被人为毁坏，将会给乡村环境带来极大的冲击。上述表明乡村环境美具有共生性的特点。

（二）生态文明性

唯有在生态环境优良，始终坚持文明化建设的情况下，乡村环境才会生成美的体验，才会为村民带来极致的审美享受。因此，一个环境优美的乡村一定是生态与文明的结合体。生态文明性要求乡村环境优良，对于建设方面要有生态化的思考方式，人与人之间要和谐共处，人们要有可持续发展的理念，这些都是构建乡村环境美的重点。

（三）生活性

乡村环境是村民世世代代生活的地方，村民在乡村周围的各种活动都是和他们的生活息息相关的。乡村环境美就是村民们对乡村环境的一种情感创作，这包括乡村生态化建设以及生活环境美的创造。其目标就是营造出一种"环境之美"的气氛。所以，生活性是乡村环境美的一大特征。

（四）生产性

乡村环境想要满足村民的发展需求，就需要具备生产性，以提供物质保障。其中，作为极其重要的生产方式，农业劳动是极富审美情趣的，生产性必然是通过土地劳作表现出来的，而乡村最大的魅力便来自有着悠久历史的农耕文明，所以生产性也是乡村环境美的主要特征。也可以理解为，乡村环境是否优美关键在

于乡村的生产性是否能够得到最大程度的发挥。所以，农村的环境只有具有生产性的时候，它才是美的。

综上所述，以上四个特征是在特定条件下对环境美的概括与解释。乡村环境美除了体现在农业景观，还体现在人文与自然景观，它将功利性与审美性很好地融合在一起，具有极高的审美价值。

二、环境美学视角下的乡村景观规划设计的原则

乡村景观规划设计原则主要有三点：突出生态化思维和可持续建设的生态文明化原则，维持好生产、生活、生态之间平衡的共生原则，重视村民的文化生活、物质基础建设的生活、工业生产性原则。

三、环境美学视角下的乡村景观规划设计的策略

（一）乡村环境美的共生策略

共生策略是指乡村在进行景观规划时，不仅要遵循当地的自然发展规律，对村庄周围的生态环境做好保护措施，还要积极找寻挖掘乡村文化生活。"共生化"思想的建构，促使乡村环境朝着自然美与生活美的方向发展。

乡村环境共生策略的实施依赖于农村原有的自然生态元素，在设计上要强化基础设施建设，同时要改善现有的自然生态环境，并加强对环境的保护。其次，在乡村生活中，文化是不可或缺的一部分，在设计中，要注意挖掘原始文化，将乡村文化完整地传承下去，重视乡村文化的建设工作；在生产发展方面，要积极兴建乡村文化产业，把文化产业整合到农村发展格局之中，将文化的生产效益发挥到极致。

通过对乡村环境要素的共生关系分析和对其影响因素的探讨，我们提出了以物质形态为基础、以人—乡村社会—自然环境相互协调为原则的共生化模式。乡村的共生策略是为了在自然中营造"青山绿水"的田园景观，以维持乡村生态的稳定性。因此，乡村空间环境的构建不能随意改变其地域地形的特点，这样才能更好地保留传统的生活方式，营造一种富有文化气氛的环境，同时使得乡村文明与生态环境和谐共存，最终实现村民、生产、生态三者均衡发展。基于此，我们

可以了解到，乡村环境的共生策略能够促进生态修复以及生活文化的传承，而注重乡村环境的共生性，既注重了村民自身的发展，又体现了"以人为本"的思想。

（二）乡村环境美的生态文明策略

乡村与自然生态有着密切的关系，因此生态文明策略是构建乡村环境美的重要策略，依据生态文明的有关规范要求，在乡村建设中要做到布局自然化、种植乡土化，同时尽可能减少人为干预，从而促进乡村和谐发展，实现人工建设与自然生态相结合。

首先，在进行乡村建设规划设计时要积极融入生态文明理念，做好生态环境的保护工作，将产生的生活垃圾集中处置，协调好自然空间布局和村落空间结构之间的关系，保证自然的生态元素能够合理地融入村民的日常生活之中。在此过程中，要注意在文化、精神等方面对传统民风民俗进行继承，强调人与自然的和谐共处。其次，乡村生活空间要向着生态化以及本土化的方向改进，如乡村公共活动场所要做好绿化工作，优化村民宅基地周围的环境，乡村道路建设要与乡村整体风格以及地形相匹配，合理规划及应用乡村生活空间，使其充分发挥本身的功能和用途。再次，保护历史文化资源和传统村落风貌，使其融入现代乡村社会经济体系之中，形成具有地方特点的乡土气息的村居景观。最后，基于规划建造的文明性，在建设具有前瞻性的乡村时要充分考虑村民的想法，以政府为主导，统筹乡村各方利益，使相关政策能够尽快落实。

生态文明策略的实施在一定程度上改善和优化了乡村生态环境，使得乡村建设更贴合实际，有利于乡村的可持续发展，从而形成一种生态性能良好且人与自然和谐共处的新局面。

（三）乡村环境美的生产策略

生产策略是构建乡村环境美的一项策略，它强调在开发景观价值时，要以开发乡村社会生产所能产生的经济效益为基础，更要注重乡土社会的审美功能，从而实现乡土社会的功利性与审美性并重。在当前现代化的发展中，传统的农业文化正处于衰退期，乡村景观正面临着严重的危机与挑战。而乡村景观是最能体现环境美的一种景观，要想让乡村景观更具价值与意义，就要关注乡村生产环境中具有审美意象的元素，让人的劳动过程与劳动结果得到美的享受。环境美学强调，当人们考虑到环境问题时，常常认为劳动生产的功利性与审美性是相互矛盾的，而过于重视生产的功利价值，这在乡村环境建设上已经是一件十分普遍的事情。

所以，在对乡村景观进行规划时，必须充分考虑其生产的美学价值。首要任务是制订合理的种植计划，以符合产业发展的需要，从而达到大面积、高密度的种植，这样才能给人以视觉上的美感。此外，在充分了解不同群体对农村景观的爱好和需求的基础上，结合当地居民的实际状况和喜好来规划。其次，在总体规划中，我们要将乡村的第一、第二、第三产业有机结合起来，突出高产业、高收益的发展战略，以促进乡村产业的持续增长。再次，将乡土文化融入新时代乡村景观建设中，提升当地居民的生活品质，促进乡村振兴战略的实施。最后，在注重乡村环境美学建设的基础上，通过农民个体化的农事产业体验，探究各种审美参与的形式。调动听觉、视觉等各个感知系统来充分领略乡村环境美与生态美，以满足村民的物质生活需要，维护乡村产业发展的可持续性。

生产策略的实施打造了功利性与审美性相统一的乡村景观，使之既能创造物质财富，又能产生审美活动。农业劳动既是人类的生产行为，又是人与自然和谐共存的体现。村民从农业生产中得到了精神上的快乐，从而提升了他们的生活品质。第一产业是一项极具劳动美学价值的行业，它反映着农民的聪明才智与无穷的创造力。

（四）乡村环境美的生活化策略

"乐居"是环境美学研究的起点，环境美学研究的最终目的是营造美好的生活环境。因此，生活化策略的实施有利于提高村民生活品质。

首先，乡村景观规划的前提是不改变传统的生产方式，基于此，宅基地要按照"一户一栋"的标准搭建，配备户前院落，旨在留出农具器具放置的空间，同时能够提高村庄的道路可达性，创造出舒适的步行空间，还要丰富村庄的活动形式。其次，加大对社会事业的投资力度，如医疗、卫生等，完善乡村的公共服务设施，如标识牌、公共卫生间等，像一些人流量大的内部场所要具备停车场和餐馆等能为人们提供便利的设施，使其更加人性化。值得注意的是，公共设施的布局不应该影响到周围的环境，特别是远离村庄的区域，其设施要与村庄的整体环境保持一致。再次，乡村景观建设所使用的材料要符合当地的地域特点与风格，若过度使用一些现代化的建设材料会使乡村造成极大的违和感，不利于乡村整体美感的形成。最后，在规划设计中要综合考虑其是否能够提升村民的满足感与幸福感，是否能够有效地提高生活环境质量，是否对村民的健康有益等。总之，规划设计要做到生理和心理的宜人性、活动空间的宜人性，这就需要有关部门根据农村的生活和生产来尽可能地满足村民的需要。

环境美的生活化策略创造出了一种充满乡土气息的空间环境，始终将村民的感受放在第一位，为村民的舒适生活打下良好的基础，有利于实现整个乡村人居环境的和谐。

在环境美学理念引导下进行的乡村景观规划，看似是基于美学角度，实际上却是通过美学和环境哲学的有机融合，来协调人与环境之间的关系，从而达到人与环境之间的"平衡"。

四、环境美学乡村景观实例

响水村位于天元区三门镇西北部，该村环境优美，具有丰富的历史人文和旅游资源，是湖南省美丽乡村建设示范村。响水村居于群山之下，种植着花卉、中药以及优质稻等特色农产品，其天然优美的景观使得很多游客前往体验游玩。响水村打造了多个具有特色的旅游景点，其中樱花山庄古朴典雅，展现丰厚的农耕文化，游客可以在此学习，与村民交流，体验当地的风土人情；鸿雁公园主要是雁群活动的场所，雁群齐翔，在天空中盘旋歌唱，这个场景带给人一场充满生机与欢乐的视觉盛宴；响水研学基地涵盖多种类型，内涵丰富，包括百果园、百花园、百蔬园等，青少年可以参与果蔬种植，在劳作过程中学习一些农业基本知识，体验传统的文化韵味。响水村的整体环境基本是为了发展旅游业而调整改造的，既没有破坏生态环境，又提升了绿化、环卫以及道路修建的质量，再加上充满花香田园风景，让游客们感受到身心的愉悦。

响水村在规划设计时就明确将特色农业作为自己的定位，打造了一座集观光、娱乐、科普、度假为一体的现代化农业园区。此外，响水村也以处处可见的细节营造浓厚的乡土气息，如村口的粮仓组合，墙壁上的图画文字，农耕活动的景观小品，都给乡村旅游带去了不一样的民俗感受。

第三节　乡村景观规划与设计中的地域性美学

地域文化作为我国优秀传统文化中的重要分支，通常是某个地域经过漫长的历史发展而逐渐形成的、具有当地地域特色的代表性文化。地域文化通常包含诸多方面的内容，且每个地区的地域文化都具有一定的差异性特征。不仅气候和方言有所区别，且生活习俗和饮食习惯都有不同，其差异性可大可小。例如，北方人爱吃面食，四川人爱吃辣；北方人较为豪爽，南方人较为婉约；这些都是地域文化差异性的表现。而地域文化所体现出的这些差异性，通常是由多方面的主观因素和一些客观因素所造成的。其中影响我国地域文化差异性的主观因素包含了每个地方的方言文字、当地的政治制度、经济发展水平、科学技术、生活习惯和文化教育等诸多方面。而客观因素则主要是指当地的地形地貌、气候环境、交通条件以及物产特点等方面。

我国幅员辽阔，气候、地质、地形、植被等自然状况及区域文化差异较大，现对我国各区域的乡村景观美学特点做简单概述。

一、不同地区乡村景观的地域性美学特点

（一）华北地区

华北地区指秦岭淮河线以北，长城以南的我国的广大区域。其处在夏季温暖湿润，冬季干冷湿润的温带季风气候区。四季分明，春季和秋季都很短。华北是一个以平原为主要地形的区域。该地区的植被类型主要是草原和落叶乔木。在历史的记载中，曾经华北山西以南、河北、天津和北京一带同属夏朝领土范围，并衍生了华夏文化以及蒙古的游牧文化等多种文化。华北地区的布局以团块状为主，且聚落结构十分紧密，房屋不是很高，但屋顶的倾斜度较大，放眼望去瓦片多是红或灰色调。且该地区多平房，基本上都是三合院或四合院，采用长方形的形制，道路布局呈直线状。高大、笔直的白杨和厚重沉稳的房屋共同组成了华北平原地区特有的景象。

（二）东北地区

东北地区是我国的地理文化大区和经济大区，位于中温带，与华北类似，属温带季风性季风气候，但受高纬度影响，冬天温度比华北地区低。东北地区大都是平坦的土地，植被以落叶阔叶树木居多，同时也有大量的耐寒松树和其他种类的植物。此外，东北地区以土砖房、砖瓦房为主，一般为一个院落。为了更好地采光取暖，一般都是三、五室，其结构与华北大体相同。这里历史悠久，有着丰富的民俗文化。

（三）华东地区

除了山东、江苏，华东大部分地区地处长江以南，华东气候以淮河为分界线，淮河以北为温带季风气候，以南为亚热带季风气候，雨量集中于夏季，其地貌类型多样。该地区的植被以常绿阔叶乔木为主，是江南水乡常见的景观。自然风光秀丽，山水相映，美不胜收。村庄的位置也有一番讲究，村口常有寨墙、寨门或歇荫亭，其布局彰显了当地村民超强的文化创造力。华东地区建筑风格独特，造型简朴，大多是一至两层的厅堂式结构，房屋一幢一幢错落有致，鳞次栉比，粉墙黛瓦。尤其是院南古村落内的宗祠、牌坊、民居等人文景观，更是为其自然景观增添一抹光彩，形成了我国江南园林的典型特征。

（四）中南地区

中南地区位于我国中南部的区域，如今一般作为华中三省和华南地区的统称。中南地区属亚热带季风性气候，冬暖夏热，气候宜人，且景色优美，植被四季常青。这里的地形主要是平原和丘陵。这一地区的建筑物都有其独特之处。比如，河南窑洞依山横向而打，一般河南的窑洞打好后会用当地河道特有的红石头堆砌一圈加固。窑洞具有冬暖夏凉的优势，非常适合居住，而且还能在上面植树，是一座天然的掩体建筑。湖南住宅建筑形态多样，材料多为木质或石质，造型质朴，有返璞归真之感。广东的住宅以以前的中式建筑为主，但也有些建筑流露出外国建筑的风格。古村中的入口往往栽种着高大的榕树，而在民居的四周，还栽种着大量的芭蕉、竹等植被。广西乡村建筑多为木质和竹质结构，具有鲜明的自然特色和生态环境。这里有着悠久的历史以及丰富的文化，有着浓郁的人文氛围，既是华夏文明的发祥地，又是中原文化的发祥地。

（五）西南地区

西南地区东临中南地区，北依西北地区，属亚热带季风气候和高原山地气候，地形结构复杂，以高原、山地为主，《蜀道难》中"蜀道难，难于上青天"就很好地概括西南地区地貌的险势。植被类型主要为常绿阔叶林木。村庄的建筑风格多样。例如，四川地区房屋多采用瓦顶，檐角大，其原因在于其湿热多雨的气候环境。还有些地区建筑采用自然材料——石材堆垒而成，使其整体的风格更加自然朴素。云南的村寨建筑多采用竹材，傣族的干栏式竹楼就是其中之一，它最大程度上实现了建筑和自然环境的结合。藏族的住宅建筑材质多为石质或木质，造型简朴。西南地区由于生活着大量的少数民族，因此具有丰富的历史文化资源，这对地方村寨的风貌产生了直接的影响。

（六）西北地区

西北部属于温带大陆性季风气候区，因其位于内陆，降水较少。西北地区多为高山及山地，且荒漠广布，人口密度小，植被覆盖度不高，以落叶阔叶乔木为主。窑洞是本地最能反映该区域乡村建筑特点的建筑风格，窑洞多建立在土质较好的黄土陡壁上，与周围环境融为一体，呈现出一种"天—地—人"相融的宏伟景象。窑洞建筑之所以能够一直保留到现在，离不开其本身的诸多益处。一方面，它建造成本低，所用的土地面积以及能源较少，并能巧妙融于自然当中，呈现一幅和谐画面，在环境保护方面起了很大的作用；另一方面，由于其独特的建筑类型与地理位置，窑洞具备了冬暖夏凉的特点，十分适合人类的生活。

在我国，最具特色的地域景观便是乡村景观了。在诗歌领域，也不乏描绘乡村田园生活与景色的诗句，如"绿树村边合，青山郭外斜""小桥流水人家"等，乡村景观被打上了传统文化烙印。因此，本书对乡村景观的营造理念、原则以及方法等进行了归纳，以期为国家乡村景观的建设提供借鉴。

二、基于地域性美学的乡村景观规划设计理念

（一）尊重地方精神，挖掘地域文化，保护历史遗产

在对乡村景观进行营造的同时，要将富含地域文化的元素融入其中，从而

打造出具有浓厚地域特色的乡村景观。此外，乡村具有丰富的文化遗产，如古街道、古建筑以及珍贵的树木等物质文化遗产，以及戏曲、传统手工艺等非物质文化遗产，这些都是乡村景观的重要部分，在营造过程中要对其做好保护工作。

（二）总结地方特色，提炼地域元素，展现乡土情怀

营造乡村景观可以就地取材，像年代已久的古老建筑物、村口的参天古树以及被荒废的水井等都可作为构建乡土风貌的重要材料。所以，我们要总结这些材料的特点，分析、归纳和提炼被发掘出来的乡村景观地域元素，最后找到最有代表意义的乡村景观元素，并将这些元素合理地融入乡村景观的营造中，使其展现出浓厚的乡土情怀。

（三）传承地方聚居传统，营造地域公共空间

在长期的历史发展和演化中，乡村聚落逐渐形成了自己独特的乡村聚落传统。乡村景观营造是否具有特色，是否成功都取决于是否很好地保护和传承了乡村聚落传统。与城市公共活动空间不同，乡村公共活动空间更具乡土特色，它不仅是村民休闲娱乐、健身的场所，还是农事生产的场地。因此，在规划设计中要对已有"公共空间"进行合理的开发，使其能最大限度地满足乡村生产的需求。

（四）结合当地农业生产特点，营造具有地域特色的乡村景观

受气候、土壤的影响，我国南北地区的农业生产方式有所不同，其产生的农业景观也就有所不同。例如，以经济林为主体的果园、有机蔬菜种植区、农业文化展示区等，都是与乡土文化紧密联系的景观。所以，在确保不破坏农业生产的基础上，乡村景观在营造过程中可考虑地方的地形、地貌等要素，创造出富有地域特色的乡村景观。

三、基于地域性美学的乡村景观规划设计原则

乡村景观中的地域要素是在生产生活中有着当地特色的素材，主要有物质要素和非物质要素，其中物质要素是指地域性水体、地形地貌、植被等，而非物质

要素主要指乡村的民俗民情、民间传说等。因此，我们要深入挖掘、整理乡村的自然与人文景观要素，并将其融入乡村景观营造当中，并且其设计理念与实施方法要将功能、美学、生态与经济这几个方面集中体现出来。同时，根据村庄的地理环境、历史情况和现状，在营造过程中要始终贯彻以人为本、尊重自然与历史的原则，这样才能更好地体现出地方的淳朴民风，创造富有地方特色的、多元化的乡村景观。

（一）尊重自然的原则

在进行乡村景观设计时，我们要合理地利用气候、地形、植被等自然因素，不能破坏它们的发展规律。根据以往教训可以知道，人类社会环境对其有着很大的影响，所以我们要重视农村的文化、生态和地域特征，使之具有鲜明的地域特色和民族特色。此外，对于一些有着悠久历史的古村落，我们要在不破坏它整体风貌的情况下对其进行合理修复，尽量保留当地的民风民俗以及精神和风水信仰。总的来说就是遵循"保留为先，改造为后"，争取在整体上使乡村景观和谐统一。

（二）以人为本的原则

乡村景观除了可以提高村民的幸福感与满足感，同时还能够刺激乡村旅游经济的增长。随着人们对乡村旅游的日益重视和发展，如何更好地营造出具有特色且符合大众审美标准的乡村景观是当下亟待解决的问题。一方面，要将"以人为本"的理念融入乡村景观的营造当中，切实以人的需求为主，为乡村增添多重功能；另一方面，鉴于乡村特有的生活与生产环境，其营造除了要满足居民基本的吃喝住行需求，也要站在农业生产的角度去给大众呈现一个舒适、优雅、人性化的田园景象。

（三）文化认同的原则

乡村文化是乡民在农业生产与生活实践中逐步形成并发展起来的道德情感、社会心理、风俗习惯，因其强大的影响力深深扎根于乡土之中，具有一定的独立性和完整性。乡村景观作为一种独特的地域性空间环境，不仅为大众带来美的享受，也是乡村文化的寄托。所以，在乡村景观建设中，我们要重点对乡土风貌进行深度发掘与提炼，同时要充分尊重农村的历史和文化累积过程，通过多种方式使更多的人看到并感受到乡村文化的魅力。

（四）适宜生产的原则

村民是乡村的主体，也是乡村重要的组成部分。我们在进行乡村景观营造时要考虑到如何提高村民的经济收益，切实从农民自身利益出发，因地制宜地制定发展策略，以促进乡村景观营造和乡村经济增长之间的良性循环。其中最好的方法就是将农业生产引入营造过程中，比如可以开发乡村观光旅游产业或农林复合经营产业等，以此来拓宽乡村经济来源渠道，只有村民富裕了，才会更好地为乡村景观建设提供支持。

（五）地域特色的原则

在构建乡村景观时可以考虑将当地的特色元素融入其中，这也是对当地传统文化的一种保护。在选择绿化植被时，要考虑当地的环境与气候和植被的生长特点是否相符，可以考虑将当地树种作为基调树种，这样可以最大程度地减少管理和维护的费用。同时注重与周围建筑、道路等构成的整体空间环境相协调，并充分展现出乡村特有的人文风情，从而使人们获得一种独特的审美体验。在建设乡村景观的过程中，要结合地方的实际，对具有地方特色的景观要素进行深入的研究与归纳，以地方材料为主，突出地方文化的独特性。

（六）整体要素的原则

在进行乡村景观构建时，要立足于当地的经济实际情况，注重景观的使用功能，同时要将乡村景观的艺术、经济、人文和价值当作一个整体细致地考量，只有这样才能使其终极目标得以实现。因此，在进行乡村景观规划时，不仅要从整体上对其所依托地区的自然地理环境以及人文历史环境进行详细调查研究，还要结合当地村民的生活方式与审美情趣进行设计。此外，构建乡村景观不是一个部门的事情，而是需要多个相关部门的合作与协调。总之，想要促进乡村可持续发展，必须从整体上把控乡村景观的构建过程。

四、基于地域性美学的乡村景观规划设计方法

（一）乡村公共活动空间的营造

1. 乡村公共绿地的营造

城市公共绿地的营造目的是维护生态平衡，改善环境，增强美观度，有些城市的公共绿地更是彰显出了城市的文化品位，而乡村公共绿地的建设还要将村民的生活习惯考虑在内，使之能更好地满足居民的生产、生活需要。此外，为绿地所选的位置应该是一块平坦宽敞的区域，并与现有的乡村公共设施相结合进行规划和建设。在选择绿地植物时，应优先考虑本土树种，再通过乔灌草的空间布局，进一步丰富乡村公共绿地的植物景观多样性。

2. 乡村广场景观的营造

乡村广场是村民休闲娱乐的主要场所，其功能主要有两点：一是连接道路，二是分散人流。所以，乡村广场在乡村景观构建中起着重要的作用，其营造也与村民的日常生活紧密联系在一起。由于乡村占地面积的限制，乡村广场的规模要比城市广场小很多，但是乡村广场的营造也不可忽视，需要彰显其显著的乡村文化特色，比如可以在广场上设立文化宣传栏，主要宣传一些乡村的历史、经济发展经验，还有一些名人事迹或国家大事等，打造一个独具个性的公共活动场所。

3. 乡村亲水活动空间的营造

亲水活动一般都存在一些安全隐患的问题，所以营造乡村亲水活动空间的第一件事就是将公共安全保障措施做到位，之后再考虑为其增添自然化的景观特色。水景观的营造重点是水岸，要严格选择驳岸材质。此外，在选取植物时，要考虑到水陆过渡的问题。在靠近水边的地方，应该安装一些景观栈道、观景台等设施，增强亲水属性，并且要把孩子的安全问题考虑进去，在亲水平台上应该安装栏杆，在水深较深的地方安装安全警示板等。

4. 健身运动空间的营造

随着"全民大健康"越来越受到人们的追捧，参与乡村健康锻炼的人数也越来越多。定期举办的健身比赛不仅能拉近乡村居民的关系，还能充实他们的精神世界，同时还可以为乡村居民介绍健身的正确方法以及健身的诸多益处，

增强他们对体育运动的兴趣和热情。为了构建健身运动的场所，还需要进行全面的绿化工作，增加运动区域的氧气浓度，并选择那些空气净化效果较强的本土树种。

（二）乡村建筑景观的营造

1. 乡村建筑选址与布局

建筑该如何选择合适的地址，又该如何布局，这都要参照我国传统风水文化，在乡村，村民对于建筑的构建有着很高的要求，对于选址所考虑的植被、土壤、水源、气象等问题在风水领域都有一定的讲究，对于布局更是要看重院落的朝向、地势的高低以及水源的位置选择等。对称布局可以根据光照时间和通风情况来对乡村居住环境进行调整，是一种常见的布局方式，此布局可以展现出乡村建筑景观的别样风韵。

2. 乡村建筑的材质

建筑材质的选择主要看两点：一是材质的经济价值，二是材质是否环保。这也是当前乡村建筑材质所表现出来的特征。本书从乡村建筑设计中常见的几种类型出发，对其进行了分析研究，并探讨了乡村建筑的材质选择原则。第一，乡村建筑材料应就地取材。每个乡村的环境有所不同，其建筑材料来源也就五花八门，选择合适的材料尤为重要，所以就地取材是最佳选择，因为它带有显著的地域文化特征，能最大限度地利用这些材料的特性。第二，乡村建筑材料要选择节能环保型材料，这不仅有利于保护当地的生态环境，还能够将乡村自然文化风貌完美显现出来。

3. 乡村建筑的色彩

建筑色彩的使用需要考虑到地域性的特定要求。我国幅员辽阔，各地都有自己独特的民族风格及地域特点，而色彩作为一种最直观的艺术语言，对当地传统文化具有深刻的影响。在一些民族地区的乡村，通过把建筑色彩和地方的特色文化元素有机结合，形成了较为浓郁的乡土风格。例如，在内蒙古的乡村景观设计中，蓝天、白云、牛羊敖包和草原植物等多种元素被广泛应用。这些丰富多彩的色调与当地的民族文化相结合，为大众带来愉悦的视觉审美感受，同时也为乡村景观带来了持续的创新和进步。

（三）乡村院落景观的营造

1. 乡村院落绿化景观的营造

为了贯彻国家关于乡村振兴的政策，乡村院落绿化景观的设计可以与庭院经济的发展紧密结合，通过在院落中栽植果树等方式，促进庭院经济的发展。例如，杏树、文冠果树、苹果树等树种既起到了绿化的作用，也为乡村庭院经济带来了新的活力。同时，还可以发展林下经济，比如可以通过种植下层的植被来圈养家禽，从而实现生态循环种养的一体化模式，以达到最佳的景观布局效果。

2. 乡村院落基础设施景观的营造

为了给乡村院落增添一丝人文气息，可以在院落内摆放一些供人休憩的桌椅、照明灯以及其他装饰性的景观小品等，甚至有些乡村的院落还有古井、水缸和磨盘等典型乡村景观设施，虽然这些设施现在或许不具备实用性，但可以创造出一种生机勃勃的田园景象。南方地区和北方地区的乡村院落营造方式有着显著的区别：南方强调历史文化价值与场景布局结构，而北方则强调实用性与审美性并重。

3. 乡村其他景观的营造

在乡村景观设计中应尽量避免出现混凝土或砖混的围墙，最好采用木材、石材构建围栏，易给人亲切自然之感，同时能净化乡村社会的道德风气。其绿化设计多是在人行道两侧和街巷交叉路口进行绿化景观的营造，在较宽的主干道上，尽量选用当地的常绿类树种。在没有车辆经过的街巷中，其路面可以选择大块的青石条铺装，这样便能和排水系统融为一体，减少整体画面的违和感。乡村景观营造工作的重点是深入开发地域元素并将其在营造中的作用发挥到最大。所以，我们要保护、继承并发扬流传下来的、保存完好的乡村地域文化，尤其是非物质文化更要强化保护措施，为营造和谐美丽的乡村文化景观作出努力。在建设乡村文化景观时，应主动将优秀的地方文化基因保存与继承，加强对地方文化的传承，并将其落实到景观设计中。

五、地域性美学乡村景观实例

（一）湘西十八洞村

十八洞村位于湖南省西部，武陵山脉中段，湘黔渝交界处的湘西花垣县双龙镇，由4个苗寨组成，即梨子寨、竹子寨、飞虫寨、当戎寨。十八洞村可以算得上是较为典型的苗寨古村，有着丰富的农耕文化和苗族文化，如今依旧保存着一些传统活动、刺绣以及药材。十八洞村是第一个实施精准扶贫的地方。"精准扶贫"工作的实施，带动了乡村养殖业与旅游业的发展，村里的干部与村民抓住机遇，发奋图强，推动村庄走向致富道路，他们所表现出来的奋斗精神激励了许多年轻人。在发展旅游业方面，十八洞村利用红色文化以及自身的苗乡文化，建立精准扶贫教育基地，开办赶秋节、山歌传情等活动，打造苗绣、古花蚕丝织布等文化产品，以吸引游客参观消费，体验当地浓厚的地域文化。

十八洞村在乡村建设中遵循"一寨一品，差异发展"原则。其中，梨子寨借助精准扶贫理念建立红色文化学习基地；竹子寨利用当地土特产以及巧妙的工艺品开辟一条民俗文化旅游线路；飞虫寨是苗医、苗药的疗养胜地，营造出了独特的田园风情；当戎寨被改造成一个集观光、农业体验和农村休闲活动于一身的村落。十八洞村的地域文化承载体主要包括村寨、田园、森林以及峡谷，游客可以在丰富的旅游项目中感受到当地的文化魅力与内涵。地域文化赋予了十八洞村一个独特的旅游品牌，使其成为非常受欢迎的乡村旅游目的地。

（二）郴州泉水辣椒特色小镇

地处湖南省郴州市汝城县以南的郴州温泉辣椒特色小镇气候适宜，雨水与光照都十分充足，土壤肥沃，是种植辣椒与茶叶的好地方，在这个特色小镇种植的辣椒有小米椒、朝天椒，茶叶有白毛茶等，都是当地特有作物，在全国都享有盛名。泉水镇的辣椒色泽鲜亮，香气浓郁，当地政府遵循"企业＋合作社＋农户＋基地"的合作方式，在秀岭、胜利和华塘地区种植了8500多亩辣椒。放眼望去可以看见一排排辣椒在田地里、山坡上迎风招展，一派丰收景象。茶园景观是泉水镇的主要景观，5000多亩茶田多是在旱塘以及杉树园区域，依山而建，且呈梯田形状。这种独特的农业景观吸引了大量的游客，农业特色小镇这块金字招牌所带来的正面作用，也让当地的经济得到了更大的发展，同时也增加了村民的经济收益。

泉水镇旅游业的发展在一定程度上提升了农业价值。就辣椒产业而言，可建设辣椒种植基地、产业文化园等，以增大生产性景观规模，同时还可以举办一些相关活动，比如辣椒文化节或辣椒大王比赛等，在浙水河边设置标志、雕塑等，打造"辣椒文化走廊"，加强对辣椒的种植、正确食用的宣传，以此来提高"辣椒"品牌的知名度，吸引游客前来体验。就茶叶产业而言，可以在茶田设置步行道，并构建观景台和凉亭供游客休息或品茶。此外，还能开展一些采茶、制茶的活动，让游客体验茶的制作流程，有利于茶文化的传播。另外，泉水镇可还在照明、绿化、美化等方面不断完善，在细节上突出地方的人文、产业文化，打造出一个农旅综合基地。

第五章 乡村景观规划设计
实例分析

本章主要讲述乡村景观规划设计实例分析，从四个方面展开叙述，分别是乡村景观规划与设计的总体思路，乡村景观的总体规划，乡村景观的分项设计和乡村景观规划设计的实例。

第一节　乡村景观规划与设计的总体思路

一、乡村景观规划与设计的出发点

（一）农村景观发展趋势

目前，我国城镇发展已由无序走向有序，农村的发展开始趋于现代化，其最直接的表现就是乡村景观改造和乡村生活质量的提升。

（二）乡村建设的要求

只有将先进的科学理念与思维融入乡村景观规划之中，才能促使乡村景观可持续性发展。当下乡村建设思路主要体现出两点，即更新与保留。"新"字呈现出"更新"的意向，"农村"两个字则是建设的初衷。

（三）广大农民的意愿

农村建设的服务对象是农民，所以要充分尊重广大农民的意愿。首先，农民世世代代生活在乡村中，田地、家禽家畜、水井和老树早已是他们朝夕相伴的伴侣，即便有些东西早已过时，但他们身上所流露出的朴实真挚的情结是现代先进工具所不能相比的，值得我们珍视和传承。其次，乡村的古老文化也要求我们找到与之相适应的先进理念来衬托、传承和发扬。所以，乡村景观既要有所改进又要有所保留。

（四）生态环境可持续发展的要求

无论是城市建设还是乡村建设，都要在保护生态环境的前提下进行。所以，乡村景观应当基于原生态的基础上，制定切实可行的生态技术措施与政策措施，以保障生态环境的可持续发展。

二、乡村景观规划与设计的具体分类

（一）聚落景观

在乡村聚落景观体系中，人文景观占据主导地位，且其主要组成要素包括景观设计、农村建设和周围环境。随着我国人民生活质量的日益提高，人们越来越重视农村聚落景观环境。其实，农村聚落景观除了对景观周围环境所构成的审美感受和了解或认识的形象特征等一些外在现象，还包含了一些像居民的生产生活、行为活动等精神文化。这些精神文化与外在现象相比，又多了一层深刻的含义，对乡村居民来说，特别是世世代代生活在此的人，这无疑蕴藏着他们对土地的深沉热爱，他们对这片土地有很强的归属感。

（二）农业景观

农业景观是由人与自然相互作用而形成的。农业景观是一种以植物为主体的生态系统，其特征在于通过人工手段将大自然中各种资源和物质加以整合并利用于生产之中。由于这种与大自然相协调的土地使用方式，农业景观的审美质量得到极大提高，其在可持续发展策略中会显得更为吸引人。

（三）水域景观

水是生命之源，是人类赖以生存的物质基础。水资源无疑是对农村聚落产生最直接和最深远影响的自然要素之一，而其他的自然因素则是通过水环境直接或间接地对农村聚落产生影响。其中，水系对村落的内部结构与外围环境结构都会产生一定的影响。对于一些水资源稀缺的乡村，他们通常选择通过打井或挖塘来储存水，这样既可以满足他们生产生活的基本需求，也可以预防火灾。此外，水资源可以丰富景观空间层次，我们对于水的使用途径通常是饮用、灌溉以及灭火，但水的功能还有很多，如浣洗、调蓄、排洪、生态以及美学等功能。在现代乡村建设工程中，水环境的生态与审美功能越来越突出，而总体布局、主次分明、生态环保与实用美学是其所遵循的四大基本原则。

（四）道路景观

道路是国民经济发展的生命线，而乡村道路又是发展乡村经济的前提。道路依照国家标准，可分为国道、省道、县道、村道和专道五种等级。村道是连接农村与外界的道路，主要服务于农村经济、文化以及行政。其中，乡村道路景观的设计应坚持安全性、整体性、乡土性、生态性四个基本原则。

三、乡村景观规划与设计的意象要素

对于即将建设的乡村景观项目，村民可能需要一个逐渐适应的过程，在适应之后才能更好地在新的景观环境中继续稳定地生活。因此，了解农村景观是村民们日常生活不可缺少的一部分。通过对乡村景观环境的全面认识，把握乡村景观的自然与社会特征，能够根据景观之间的关联进行逻辑推理，进而对乡村景观环境形成深刻的感情与认同感。有学者从事物的普遍性出发，提出了我国古村落景观所具有的山水意象、生态意象以及趋吉意象三种核心意象。

（一）山水意象

我国自古就强调天道与人道、自然与人为的相通和统一，即"天人合一"的理念。人与自然的和谐发展离不开人对自然的尊重与合理利用，所以可以以大自然的山水之美为依托来创造生态环境。比如安徽南部古村落呈坎村，还有"水口园林"。

（二）生态意象

我国古村落选址看重周边环境，既要求有优美的山水环境，又要求有优美的生态环境。总的来说，古人对居住环境是否满意取决于其周边生态环境是否优良，这具体要看植被、地形、土壤以及水源是否适宜。

（三）趋吉意象

经过与自然界的长时间斗争，人们逐渐意识到，生活方便、人身安全以及土地肥沃的环境才会利于人们的生存和发展，而生活不便、缺乏安全感以及土地贫瘠的环境不利于人们的生存和发展。因此，我国的传统村落在选择和建设居住环境时，都十分看重其选址是否能趋吉避凶。

四、乡村景观规划与设计的重点

乡村最为基础的景观非农田莫属，农田在乡村景观中有着一定的独特性与持久性。农田完美地将生产、生态与美学融为一体，是由多个景观相互作用而形成的，因此，在乡村景观规划设计中要将农田作为一个有机整体来考虑与布局。由于社会经济发展和城市化进程等因素的影响，我国当前的农田景观设计存在着一些问题。例如，田地的面积与人口数量不匹配，多呈现人多地少的现象。乡村农田景观规划设计首先要考虑如何保护农田，之后再考虑如何对景观资源进行整合优化，以更好地开发旅游业。在改善村民的农业生产方式时，要保障他们的生活不被破坏，这样才能确保有机、生态和精细的农业能够稳定且持续地转化为农田生态系统，从而推动其向着多元化的方向发展。此外，与农田林网相结合，使其具有较好的生态功能。在原有的基础上，增设绿地系统及零散而完整的天然斑块，并结合区域自然地理，对耕地进行空间布局，以体现其地域特征。另外，将植物配置作为规划设计的主要内容，通过科学的栽培管理技术以及合理的种植方法等方式实现使其高效生长。从美学的观点来看，农田景观不仅可以作为生产农产品的场所，也可以作为旅游观光的一部分，给人带来美的体验的同时，还可增加当地的经济效益。

第二节 乡村景观的总体规划

一、规划内容

乡村景观总体规划旨在通过科学计划，实现乡村社会、经济和生态可持续发展。该规划以改善乡村规划为出发点，充分利用景观资源，以推动经济发展、提升居民收入和改善生态环境为目标。

在规划过程中，需深入研究景观资源的利用现状、类型与特点、结构与布局、变迁原因，产业结构，生产和社会活动以及居民需求等方面的问题。这些研究将为乡村建设提供全面的综合部署和具体安排依据，确保规划的科学性和可行性。因此，乡村景观规划不仅是一项计划，更是对乡村发展多方面因素的深入考量和有序安排，旨在实现乡村社会经济的可持续发展。

二、规划要素

（一）乡村景观规划设计场地选址

在进行景观规划设计时，应根据目前情况，对适宜的地理位置作出选择。可以通过综合分析地球卫星遥感图像、道路交通图、地形图等信息，以确保选择最佳的景观规划设计位置。

（二）乡村景观规划设计场地体验

在总体规划的过程中，必须在仔细研究的基础上，亲身踏足实地，深度了解选址及其周遭情况，全面把握该地的自然和人文特征。我们要不畏艰辛，穿越重重障碍，详细记录所选区域及其周围环境的所见、所闻、所感，然后概括出选址区域的优势和不足之处。

（三）乡村景观规划设计效果评价

将乡村景观的"吸引力（Attraction）""生命力（Validity）""承载力（Capacity）"，

即乡村景观规划 AVC 理论作为评价标准，结合所选地区乡村景观的吸引力因素（自然田园环境、人类聚居、乡土文化）、生命力因素（经济活力、产业结构、经济收入）、承载力因素（环境容量、生态容量、文化与心理容量），综合考虑项目实施的优劣。

（四）乡村景观规划设计场地规划

在乡村景观规划设计中，根据选址、体验和评价等三个关键环节进行总体规划至关重要。在这一过程中，我们需要综合考虑物质和精神两个方面，确保规划设计在气候、地形、植被和建筑等物质元素上保留和强化优势，同时，对于精神方面，包括文化、历史和村民融洽度等因素也必须妥善考虑。应当充分考虑我国传统的环境观，将其融入规划设计中。在乡村景观规划设计的原则中，提出了"扬长避短"和"融为一体"两大关键原则。前者要求在规划中充分发挥乡村的优势，避免其弱点的过度暴露，以达到科学与艺术的完美结合。后者强调设计应当与环境真正融为一体，不破坏整体，保持与周边环境的和谐。总体规划方向是根据选址、体验和评价确定的，主要包括生态景观乡村、历史文化景观乡村、科技乡村和旅游乡村等多种方向，以满足不同地域和社会需求。在进行空间格局调整时，强调要轻微调整，以最大限度地避免对环境造成破坏，使得空间格局中的点、线、面有清晰的脉络。在这一过程中，引用"园林惟山林最胜[①]"的观念，强调自然趣味，避免烦人事物的过度干扰。在景观丰富性方面，建议在整体基础上增加景观的种类和丰富性，使得点、线、面更加紧密统一。这有助于提升乡村景观的层次感和吸引力，为居民和游客提供更加丰富的视觉体验。通过这一综合性的规划设计，可以实现乡村景观的可持续发展，促进当地经济和文化的繁荣。

三、规划层次

（一）区域乡村景观规划

该层次是针对县域城镇体系的规划，是联系城市规划和村镇规划的纽带。它确定区域乡村景观的整体发展目标与方向，确定区域乡村景观空间格局与布局，用以指导乡村景观总体规划的编制。

---

① 计成.园冶注释 [M].北京：中国建筑工业出版社，1988.

（二）乡村景观总体规划

该层次是针对村镇的总体规划，内容包括确定乡村景观的类型、结构与特点，景观资源评价，景观资源开发与利用方向，乡村景观格局与布局等。

（三）乡村景观修建性详细规划

该层次是针对村镇规划中的村庄、集镇建设规划，应在乡村景观总体规划的指导下，对近期乡村景观建设项目进行具体的安排和详细的设计。

四、规划步骤

乡村景观规划既是对现行村镇规划很好的补充和完善，又具有相对的独立性，具有一般景观规划必备的程序与步骤，也有其特殊性。针对不同地域的乡村景观规划，规划程序中的具体步骤会略有差别，但总的规划过程大体是相同的。

乡村景观规划程序一般包括以下几个阶段：

（一）委托任务

地方政府基于发展需求，提出了乡村景观规划的任务，该任务详细涵盖了规划范围、目标、内容以及提交成果的时间要求。为了确保规划的专业性和高质量，地方政府决定委托具备实力和资质的规划设计单位来负责规划编制工作。

（二）前期准备

一旦规划编制单位承担任务，它将以专业的眼光提出富有建设性的建议。这可能需要与地方政府和相关部门进行深入座谈，以便更好地完善规划任务，进一步明确目标和原则。在这一基础上，规划编制单位将制订详尽的工作计划，组织专业团队，并清晰地划定各个专业的工作职责。同时，规划编制单位会明确实地调研的具体内容和所需的资料清单，并确定重要的研究课题。

（三）实地调研

根据提出的调研内容和资料清单，通过实地考察、访问座谈、问卷调查等手段，对规划地区的情况和问题、重点地区等进行实地调查研究，收集规划所需的社会、经济、环境、文化以及相关法规、政策和规划等各种基础资料，为下一阶段的分析、评价及规划设计做资料和数据准备。

资料工作是规划设计与编制的前提和基础，乡村景观规划也不例外。在进行乡村景观规划之前，应尽可能全面、系统地收集基础资料，在分析的基础上，提出乡村景观的发展方向和规划原则。也可以说，一个地区乡村景观的规划思想，经常是在收集、整理和分析基础资料的过程中逐步形成的。

（四）分析评价

乡村景观分析与评价是乡村景观规划的基础和依据，主要包括：乡村景观资源利用状况评述，乡村土地利用现状分析，乡村景观类型、结构与特点分析，乡村景观空间结构与布局分析，乡村景观变迁分析，乡村景观 AVC 评价等。

（五）规划研究

根据乡村景观分析与评价以及专题研究，拟定乡村景观可能的发展方向和目标，进行多方案的乡村景观规划与设计，并编写规划报告。

（六）方案优选

方案优选是最终获取切实可行和合理的乡村景观规划的重要步骤，这是通过规划评价、专家评审和公众参与来完成的。其中，规划评价是检验规划是否能达到预期的目标；专家评审是对规划进行技术论证和成果鉴定；公众参与是最大限度地满足利益主体的合理要求。

（七）提交成果

经过方案优选，对最终确定的规划方案进行完善和修改，在此基础上，编制并提交最终规划成果。

（八）规划审批

根据《中华人民共和国城市规划法》的规定，城市规划实行分级审批，乡村景观规划也不例外。乡村景观规划编制完成后，必须经上一级人民政府审批。审批后的规划具有法律效力，应严格执行，不得擅自改变，这样才能有效地保证规划的实施。

第三节　乡村景观的分项设计

一、乡村聚落景观规划设计

乡村建筑在农村规划设计中扮演着至关重要的角色，是农村社会的核心焦点。其主要分类包括居民住宅、公共建筑、生产建筑和农业建筑等，其中，公共建筑包括学校、卫生所和其他公共活动场所；生产建筑则涵盖小型加工厂或工厂；农业建筑则包括大棚、猪舍和鸡棚等。

我国乡村建筑具有广泛的地域分布和多样的民族特色，表现出丰富多样的建筑样式。在乡村建筑景观规划设计中，应特别注重关注地域特征和历史文化因素。此外，建筑理念应追求生态、低碳和环保，通过充分利用自然光、太阳能、风能、地热能等可再生能源，实现可持续发展的目标。

在乡村居民建筑设计中，需要注意避免盲目新建现代高层小区，避免千篇一律地改造和建设建筑景观。在设计农村建筑空间时，应避免片面追求规模的扩大，而要注重"室雅何须大，花香不在多"的理念。设计应追求有"味道"，避免空间过大显得空荡，从而创造出更加温馨宜居的生活环境。

环保和能源利用是乡村建筑设计的重要考虑因素。采用生态的、低碳的建筑样式，并充分利用自然光、太阳能、风能、地热能等可再生能源，可以有效降低能源消耗，实现低碳、环保的建筑目标。采用大窗户、太阳能烧水与取暖、风力发电、扬水、地热能取暖等方式，可进一步推动农村建筑朝着更加可持续的方向发展。

我国农村建筑的多样性在窑洞、粉墙黛瓦、四合院等传统样式中得以展现，反映了丰富的地域文化和历史传统。在乡村景观设计中，对这种多样性和地域特色的突显已成为当代设计的一项重要任务。在追求现代简洁、贴近自然、遵循自然规律、保持人性化空间尺度的同时，与当地建筑材料的结合也尤为重要。首先，保护具有历史或文化传承的旧建筑是乡村建筑景观改造的重要一环。这些古老的建筑，如同当地历史的"活化石"，与周围环境相融合，是历史文化的传承者。

对其巧妙设计，可以在保护这些古老建筑的同时，使其焕发新的活力，成为乡村建筑景观的独特亮点。其次，对农村居民自行修建的混乱建筑进行改建和规划是改造过程中的关键一步。通过保持原有建筑样式，统一规划，可以有效地提高景观的整体质量，使建筑在空间布局上更具协调性，展现出一种有机的美感。这样的改建不仅有助于提升村庄整体形象，还能为居民提供更为宜居的生活环境。最后，拆除与当地环境不协调和违背历史文化传承的无用建筑，是改造乡村建筑景观的必要手段。通过淘汰那些与地域文化不符的建筑，可以保持整体文化元素的传承，使村庄更具历史温度。这也有助于在空间上创造更为宜人的环境，提升乡村的整体宜居性。在改造乡村建筑景观的过程中，应该注重结合地域文化元素、现代设计手法和当地材料，以创造宜人的人居环境，形成独特的"品牌"。以山东章丘朱家峪为例，该地结合北方民居样式和现代设计语言，通过保护、改建和拆除的处理手法，成功取得了良好效果。在设计中，要根据当地历史特征改造，既不固步自封，抓住"老"字，又灵活运用现代设计手法，通过使用本土材料，实现景观的整体表现。

在建筑设计中，生产建筑与公共建筑的式样应与整体建筑样式协调，通过统一建筑景观，使公共建筑与居民建筑样式一致。可考虑运用江南民居特色的黑白灰建筑色彩以及相同或相似的建筑材料，以实现公共建筑与周边建筑环境的协调。这种协调性的设计不仅有助于建筑群体整体形象的统一，更能够促进社区内部的和谐发展。

在优秀的建筑样式中，整体规划布局至关重要。布局应当考虑到点、线、面、体的整体性规划，这对于乡村建设总体面貌有直接影响。农村地区的布局形式已经较为科学化，充分考虑了依山傍水、临近水源、光照充足等功能性因素。常见的布局方式包括沿河流排列、沿道路排列、田块式布局等，这些方式有效地融合了人文与自然因素。

在居民建筑布局中，实现建筑样式、材料、色彩、景观规划的统一和协调是关键，以确保社区的整体美观和文化传承。针对不同地区，应根据其环境和文化特点确定建筑特征，以促使建筑与周边环境相得益彰。例如，在北方山区，建筑材料可以以石材、木材、红瓦为主，以融入山区的自然风光，同时在平原地区，可以采用改进的团块状布局，以优化土地利用，提高居住舒适度。西北地区的窑洞建筑则可通过绿化增添地域特色，使其更好地融入周边自然环境。荷兰乡村建筑布局被认为是一种典范，其注重美观性和环境的融合，体现了人文情怀。这一模式的成功在于其对环境的高度敏感，通过建筑样式、颜色、景观等方面的统一性，使整个乡村呈现出和谐一致的面貌。这不仅提高了居民的生活品质，还有助于文化的传承和地域特色的彰显。

在公共建筑布局方面，需考虑服务范围、使用人群、交通组织等多方面因素，以确保公共建筑与周边环境和社区需求相协调。老年活动中心应选择便于老年人访问的位置，以提升服务的便捷性和老年人的生活质量。商店和广场则宜布局在交通便利的村中心，以方便居民日常购物和社交活动。学校和村委会则宜布局在相对安静的地段，以创造良好的学习和行政环境。农村卫生院应选择在交通便利、环境清新的位置，以更好地满足卫生服务的需求。

乡村聚落作为乡村居民栖息、社交、休闲和劳作的地方，其形状、建筑结构和环境特征受到地理环境、历史发展和居民生活方式的共同影响，因而呈现出明显的多样性。

一般而言，人们对乡村聚落景观的认知主要局限于外在表象，即其特征和形象，包括对视觉感知的环境物质形态的理解。然而，乡村聚落景观的深层内涵并不仅限于外在形象。它还涵盖了精神文化层面，即乡村居民的行为和活动以及其中蕴含的意义。居民在乡村聚落中的行为不仅仅是生产和生活的表面行为，更是乡土文化的体现。这种文化因地域差异而呈现出多样性，形成了居民对聚落景观的深层次归属感和整体感。因此，乡村聚落景观的内涵实质上是形态、行为和文化的有机统一。这三者以有形或无形的方式相互交织，共同影响着整体景观的形成和发展。

乡村聚落的发展历程具有自发性，受城市化和居民生活水平提升的影响，许多乡村纷纷迈向改建更新的阶段。然而，以往的分散改造带来了建筑布局混乱的问题，未能有效保护和传承乡村风貌，反而引发了新的景观难题。经验总结表明，为实现乡村更新的可持续发展，需要摒弃个体改造的思路，而应采用统一规划、建设和管理的综合手段。

乡村聚落景观规划与设计的目标在于：首先，创造具有良好视觉品质的环境，通过合理的布局和设计手法，形成令人愉悦的景观；其次，要充分考虑乡村居民的文化和生活方式，满足他们日常行为的需求，使设计更符合实际需求；再次，通过环境形态的塑造，表达乡土文化的内涵，使整体规划与设计能够融入当地的历史、传统和地域特色；最后，乡村更新应使聚落焕发吸引力，保持其田园特色，延续传统文化，从而实现更新过程的文化传承与再生。

（一）乡村聚落整体景观格局

乡村聚落正面临着新的挑战，而传统聚落的空间元素和设计手法往往难以满足现代社会的需求。因此，对于其更新规划与建设，必须审慎考虑如何在保留原有基本特征的同时，使乡村聚落更好地适应当今复杂的生活环境。在更新规划与建设过程中，现代聚落的设计需要注重保持一系列重要特质。首先，聚落与乡村环境的和谐统一至关重要。这不仅包括建筑风格与周围自然景观的协调，还应考虑生态系统的保护与可持续发展。其次，可识别的景观标志是塑造聚落独特性的关键因素，有助于增强社区认同感。同时，宜人的建筑和空间尺度是确保居民生活质量的重要保障，需要充分考虑居住者的舒适感和功能性需求。最后，良好的交往空间是社区凝聚力的体现，需要通过设计促进居民间的互动与合作。

在国外的成功经验中，德国的做法值得借鉴。德国在乡村聚落更新中注重保持历史文化特性，通过对聚落形态的发展与土地重划，成功实现了传统与现代的有机结合。对于失去功能的建筑，引入新功能，实现了资源的再利用与可持续发展。此外，通过对外部空间的改造，创造出更宜人的环境，并通过景观生态设计修复了生态被破坏的土地和水资源，实现了生态与社会的双重效益。

在进行乡村聚落更新改造时，必须重新认识其独特特色、内在价值以及现状。聚落内部的变革需要采用创新措施，以满足居民当前的需求，而在外部则需要整合规划，使其与周边环境和聚落中心协调一致。乡村聚落的持续改进应当涵盖功能与形式两个方面，以实现对其保护和发展的双重目标。在聚落的发展过程中，必须充分考虑地方条件和历史环境的结合，以确保聚落内外的景观格局协调统一。对历史传统场所与空间赋予新的形式和功能，是适应现代居民生活与休闲娱乐需求的必然选择。在景观设计上，应着重加强河流、沟渠两侧的景观整治，设立绿化休闲带，以提高乡村聚落的生态品质。同时，要突出聚落入口、街巷交叉口和重点地段的景观特征，通过强化这些地方的可识别性，为聚落赋予独特的面貌。这不仅有助于提升聚落的整体形象，也有利于形成良好的居住体验。在具体实践中，应采用景观生态设计手法，恢复乡村聚落的生态环境，通过引入生态元素和生态技术，促进自然生态系统恢复平衡，实现人与自然的和谐共生。这种生态设计手法不仅能够促进聚落的可持续发展，还有助于塑造绿色、健康的居住环境。

在面对城市化和多元文化的冲击时，乡村聚落整体景观格局重要性愈发凸显。乡村聚落的景观价值在于它所呈现的多元文化元素，这促使乡村居民形成对文化多样性的认知、体验以及共鸣。乡村居民通过对多元文化景观的感知，培养对乡土文化的认同感，从而增强了社会归属感和文化认同感。这样的社会归属感和文化认同感是乡村聚落更新与发展的基石，因为只有在居民对多元文化景观的积极认同下，乡村聚落才能不断融入新的元素，实现与时俱进的更新与发展。如图5-3-1所示。

图 5-3-1　城步县清溪村传统村落历史文化分析

图片来源：作者设计团队绘制

（二）乡村建筑

乡村建筑作为我国传统文化的代表之一，承载着丰富的历史、自然和社会信息。在现代社会的快速发展中，乡土建筑在保护和更新发展的过程中面临着矛盾与挑战。现代主义思潮的泛滥对乡村建筑的传承产生了不可忽视的影响，使得传统建筑文化在现代化的浪潮下逐渐淡化。乡村建筑的特色主要体现在其与当地自然、社会和文化背景的高度融合。传统民居的建造常依托于地域气候、风土人情，以木、砖、土等当地材料为主体，形成了独特的建筑形式。城市建筑形式的不断渗透，导致乡村聚落内部的建筑文化和特色逐渐丧失。这种侵蚀对于乡土建筑的传承构成了严重的威胁。在乡村建筑的更新与发展过程中，需要制定统一的规划，明确不同的更新方式，在聚落内部，保护、改建和拆除是常见的更新方式。规划对区域内的建筑改建应力求保持原有的风格和形式，以充分展现历史或文化的价值。即便在经济方面难以完全协调时，也可适度改建。这需要在保留传统建筑特色的同时，寻找现代化与传统文化的有机结合点，以实现乡村建筑的更新与发展。在聚落外部的建设区域，设计师具有更大的创作空间。必须谨慎使用当地传统建筑中衍生的新建筑语言，以替代缺乏美学品质的新建筑。这意味着设计师需要深入了解传统建筑的审美特点，将其巧妙融入新的建筑设计中，以确保新建筑既具有现代气息，又能够延续传统文化的底蕴。对于那些需要拆村并重新规划建设的乡村聚落，同样需要遵循传统建筑语言，避免过于媚俗的新建筑。在规划过程中，需要充分考虑原有村落的历史、文化和地理环境，以确保新建筑与周围环境和谐共生。这种有机的结合既能够满足现代生活的需求，又能够保留乡村建筑的独特韵味。

（三）行为活动与场所空间景观

在《交往与空间》一书中，扬·盖尔通过对户外活动的分类，将人们在乡村居住环境中的行为划分为三类：必要性活动、自发性活动和社会性活动[①]。其中，必要性活动主要包括与生产劳动相关的活动，如洗衣、淘米和洗菜；自发性活动涵盖了人们在日常生活中的交流和休憩；社会性活动则涉及更为集体性的赶集、节庆、民俗等活动。这些活动在传统的乡村聚落中有特定的空间和场所。

---

① 扬·盖尔（Jan Gehl）. 交往与空间 [M]. 何人可，译. 北京：中国建筑工业出版社，2002.

在必要性活动中，人们的活动场所主要分布在井台和（河）溪边。这些地方不仅仅是劳动的场所，更是家庭联系的纽带，是人们劳动和交往的重要聚集地。这些简单而丰富的活动构成了生动有趣的景观画面，将日常的必要活动融入了聚落的生活之中。至于自发性活动，其场所则集中在门前、前院、街道的"十"字、"丁"字路口，以及聚落中心或广场。这些地方视线通透，尤其是聚落中心的大树和石凳，是人们交谈、休闲的理想场所。老年人可以在此喝茶、聊天，儿童也可以在这里游戏玩耍。这些地点成为人们驻足、交谈和休闲的社交节点，为乡村居民提供了自发性社交的机会。而社会性活动的场所则涉及集市、宗祠、庙宇，有些地方甚至设有专供老人活动的"老人亭"。在这些地方，人们进行商品交易、获取信息、休闲娱乐，同时还进行各种节庆、社戏和祭祀等社会性活动。特别是集市，不仅仅是商品交易的场所，更是人们休闲和获取信息的重要场所。聚落中的公共场所，如祠堂、庙宇和戏台前的场地，是重要的社会性活动场所，为乡村居民提供了多元的社交体验。

由此可见，我国传统聚落是人们生活的重要场所，与居民的日常活动密切相连。然而，随着生活水平的提高，一些传统场所逐渐失去了原有功能。例如，随着自来水的普及，井台在洗涤方面的作用减弱，但这并非意味着应该将其拆除。相反，我们可以通过巧妙地改造，将其转变为休闲交流场所，从而保留其历史价值。

当代乡村居民的生活方式发生了变化，对休闲娱乐的需求不断增加，涵盖健身、儿童游戏和文艺表演等多个方面。因此，在新建聚落的景观规划中，应当反映现代乡村的特征，设计多功能场所以适应当代需求，促进社区互动，提升居民的生活质量。

1. 街道景观

乡村聚落街道景观呈现出独特而丰富的特征，其功能不仅仅局限于交通的便捷，更深刻地连接着其他元素，服务着居民的日常生活和工作需求，同时构成了居民驻留和交流的场所。在进行景观规划时，必须充分考虑乡村街道的特殊性，包括曲直有变、宽窄有别、路边空地、小广场及景点等，以体现其独特的乡村风貌。街道景观的设计应当将路面、人行道、路灯、围栏与绿化各要素有机地结合起来，形成整体而和谐的布局。

在街道的硬质构成中，路面材料的选择显得尤为关键，其应当根据街道等级合理搭配。对于高级别的街道，石材铺装是一种理想的选择，能够展现出古朴的质感，与周边环境特色相契合。同时，人行道与路面的高度可以设置成等高或略高，使用当地石材铺装，并通过材质的分隔，使其在视觉上呈现出清晰而有序的界限。街道的照明系统也是景观设计中不可忽视的元素。选择小尺度的路灯是为了与乡村空间的尺度相协调，其形状应当融入当地文化内涵，以达到与整体环境的和谐统一。围栏的选择宜采用天然材料，如木材、石材或绿篱，以保持整体设计的简洁、自然、质朴感。这样的设计不仅能够提供必要的安全保障，同时也不会破坏乡村的自然氛围。绿化作为街道景观的重要组成部分，需要精心设计以实现与周边环境的融合。绿化边界可以通过灌木丛或草坪来塑造，避免采用硬性的分隔手法，如高出的侧石。在乡村环境中，围墙的建造应当注重使用自然材料，诸如木材、石材或绿篱，而避免采用混凝土或砖砌的围墙，以充分保持乡村的朴素氛围。此外，绿化的形式设计还应考虑地形因素，避免采用砌筑形式，如花池，从而保持乡村景观的自然感。在进行绿化设计时，应当慎重选择植物种类，避免采用过多的人工花坛、花盒、花盆等元素，以维护乡村环境的自然朴素氛围。条件允许的情况下，更应当注重采用自然生长的植被，使整个景观更加贴近大自然的原生态。

2. 亲水空间

亲水空间在传统乡村聚落中扮演着不可或缺的角色，作为外部交往的要素，不仅构成了乡村景观的重要组成部分，还具备着实用价值和文化内涵。这一空间主要服务于多方面需求，包括日常生活、灌溉、防火以及风水，涵盖了自然河流以及通过打井、挖塘所创造的水体。例如，浙江杭州滨江区浦沿镇东冠村作为一个历史悠久的乡村，其4个大池塘最初是为解决生产用水和符合风水需要而兴建的。

然而，随着现代生活方式的演变，这些池塘逐渐失去了其最初的功能。尽管如此，它们仍保留着生态、美学和休闲游憩的潜在价值。为适应时代变迁，东冠村通过聚落更新对废弃池塘进行了改造，将其转变为休闲游憩的亲水空间，使其重新焕发生机和活力。曹家大池已经成功改建成为一个公共活动场所，然而，在景观生态设计方面仍有提升的空间。对于新开发的乡村聚落，有必要根据自然条件，结合原有水体设置水景，而不是人为开挖建设水景。此外，保护自然生态系统是至关重要的。通过合理规划和科学设计，可以在新建的乡村聚落中保留并加强水空间的功能，不仅能够满足生活和农业用水需求，还能够提供良好的生态环境和丰富的文化内涵。

乡村河（溪）流因其水流形态的多样性而成为理想的游憩场所，这在我国台湾乌溪流域的乡村溪流景观游憩设计中得到了充分的体现。游憩设计的目标是根据基底环境的不同制定，总体目标是满足游客的休闲需求并同时保护生态环境。为此，该项目将溪流游憩活动分为三大类别，即水中活动（如游泳、捉鱼）、水岸活动（如泛舟、赏景）以及滩地活动（如自行车、野餐）。通过将这些活动与具体的溪流特性相结合，设计出更为贴合环境的游憩项目，以更好地满足游客的需求。在生态保护方面，项目提出了改善溪流驳岸栖地的策略。这包括改变水体的状态、合理配置空间、减少遮蔽物、增加水源来源以及进行复合处理。通过这些策略，促进溪流生态系统的健康发展，实现游憩活动与自然环境的有机融合。在景观生态设计方面，项目采用了五大类别的方法，包括堆石、植栽、浚潭、枯木以及设施。这共涵盖了13种不同的设计手法，通过这些手法，设计出的游憩设施既能够有效保护环境，又能够为游客提供高品质的溪流游憩机会。例如，通过堆石和植栽，不仅可以美化溪流岸边的环境，还可以提供一定的栖息地和防护措施，为生态系统的平衡作出贡献。同时，浚潭和枯木的运用则能够优化水体的流动，增加溪流的动态性，为水中活动提供更加丰富的体验。

3. 老年中心

在传统乡村聚落中，虽然存在室外老年活动场所，然而因气候等自然条件，其使用受到限制。随着年轻人外出和生活水平的提升，现代乡村面临着老龄化问题。因此，在乡村更新的过程中，设立老年中心显得尤为迫切和必要。以浙江柯桥镇新风村为例，该村于1998年建设的老年活动中心以江南园林风格为特色，成为全村主要的休闲场所。通过精心规划和各类项目的开展，该中心成功地满足了老年人的多样化需求，为乡村社区的发展提供了经验教学。

4. 儿童场地

在传统乡村聚落中，由于缺乏儿童娱乐场所，儿童游戏活动主要发生在水边、空地和庭院。在乡村更新的过程中，有必要重点考虑提供适宜的儿童活动空间。规划中应充分考虑多元化的游戏需求，包括但不限于滑梯、秋千、跷跷板和沙坑。考虑到儿童对水的独特喜好，可通过设计浅缓的溪流和沟渠，打造专属的涉水池。同时，整合生态友好的农用水道景观，这不仅为儿童提供了理想的游憩场所，还有助于培养儿童对自然环境的认知。

（四）乡村聚落绿化

乡村聚落绿化在景观品质提升中具有关键地位。当前，乡村绿化水平相对较低，缺乏系统规划，多停留在一般层面。为改善乡村生态环境，促进经济效益提升，必须进行整体规划和合理布局。在规划过程中，考虑地域差异至关重要，绿化应因地制宜，尊重乡村的传统习俗，并体现地方特色。在绿化指标的制定上，需要因地制宜，以适应不同乡村聚落的特点。对于传统聚落，绿化规划应强调保护人文景观，确保绿化不仅仅有助于自然环境的改善，同时兼顾文化传承。对于旧村的更新，规划要实事求是，在保护传统文化的基础上，采用科学合理的手段进行绿化，以提高生态环境质量。对于新建聚落，绿化标准应该更加严格，确保绿地率能够达到30%以上。这有助于建立一个更加健康、宜居的乡村环境，提升居民的生活质量。在新建聚落的规划中，可以引入现代绿化技术，结合当地气候、土壤等特点，选择适宜的植被类型，实现可持续发展。

1. 村民庭院绿化

当前，大多数乡村庭院普遍将绿化与经济有机结合，以种植具有良好经济效益的落叶树种和果树为主导。银杏树、香椿树、杜仲树、桃树等树种的引入，结合葡萄架的搭建，使得庭院春华秋实、景致宜人。然而，随着乡村经济的不断发展，经济相对富裕的庭院逐渐强调绿化和美化，引入了更多的常绿树种和花卉，如松、柏、香樟、冬青、桂花和月季等，以打造更为宜人的环境。在围墙的设计上，一些经济发达的乡村庭院开始尝试淘汰传统的砖石结构，将绿篱引入庭院布局。蔷薇、木槿、珊瑚树和女贞等植物成为绿篱的理想选择，既保护了庭院的隐私，又注入了浓厚的自然氛围。这一趋势不仅使得庭院更具观赏性，同时也提升了乡村环境的整体品质。

在屋后区域，为追求速生和经济效益，庭院主人通常选择种植速生用材树种，如泡桐、杨树和水杉。在适宜地区，引入淡竹和刚竹，不仅可增加庭院的绿化面积，还可为居民提供额外的经济收入。

2. 聚落街道绿化

街道绿化在乡村聚落美化中扮演着至关重要的角色。在规划街道两侧的绿化时，必须充分考虑街道的宽度，精心设计。合理选择行道树是关键，应优先考虑当地适应性强、外观美观且抗病虫害的乡土树种，如银杏树、泡桐树、黄杨树等。同时，在经济效益方面，可以选择银杏树、辛夷树、板栗树等树种，以促进可持续的经济发展。对于宽度有限的街道，可以考虑利用棕榈、月季、冬青等灌木，或者结合花卉和草坪进行配置。

3. 公共绿地

在乡村聚落景观建设中，公共绿地扮演着至关重要的角色，而农民公园为其主要表现形式。在绿地规划中，充分利用自然条件是关键，如巧妙整合河流、池塘、苗圃、果园和小片林。此外，需根据当地居民的生活习惯精心设置活动场地和设施，以提供理想的休憩娱乐场所。强调自然生态原则，避免过度的人工规则式或图案式绿化，而是以当地乡土树种为主体，实现与环境的融合。在规划中，需综合考虑经济效益，通过巧妙地设计展现乡村自然田园景观，既满足人们的休闲需求，又促进当地经济的可持续发展。

例如，浙江余姚市泗门镇小路下村是"宁波市园林式村庄""宁波市生态村"和"浙江省卫生村"。2005 年 10 月，被正式命名为"全国文明村"。自 2002 年起，小路下村先后兴建了"一大两小"三座绿色公园，分别是新村公园、南门公园和文化公园。新村公园位于新建好的新村住宅区，占地 0.67 公顷。南门公园位于该村南大门。

文化公园位于村中心位置，占地面积达 3.3 公顷，投资 300 万元，是余姚市档次最高、规模最大的村落文化公园。公园以绿色为主题，有文化宫、小桥凉亭、石桌、戏台和广场等设施，有香樟、香椿、广玉兰等树木花草上百种。另外，还有一棵高达 20 米，树龄 150 年以上的银杏树。文化公园的建成，为全体村民和广大外来员工提供了一个休闲、娱乐和健身的高雅场所，也进一步提高了文明村和园林村的品位。

4. 聚落外缘绿化

乡村聚落外缘具有以下特点：

第一，它是聚落通往自然的通道和过渡空间。

第二，与周围环境融为一体，没有明显的界线。

第三，提供了多样化的使用功能。

第四，展现了地方与聚落的景象。

第五，是乡村生活与生产之间的缓冲区，它能达到平衡生态的目的。

当前乡村聚落绿化存在仅注重内部景观、建筑独立突兀且与周围环境不协调的问题。为解决这一难题，可着眼于强调外缘绿地的建设，以实现与周边环境的和谐融合。在外缘空地，可以根据实际情况进行植被合理配置，使其与建筑庭院内的绿植形成统一、和谐的景观，从而打造出富有特色的聚落天际线。外缘绿地的规划应以居民为重点，选择适应当地气候条件的经济树种，如桑、果树等。这不仅有助于美化环境，还能为居民提供经济收益。通过将经济树种巧妙融入绿化带，不仅可以提高聚落的整体生态效益，还能促使当地居民更加关注和参与绿地的维护与发展。与此同时，外缘绿地的规划还需考虑到其护村功能。通过设立护村林带，可以有效防止风沙侵害，为乡村聚落提供必要的防护屏障，保障居民的生活安宁。

二、乡村田野景观规划设计

美丽的乡村田野，涵盖了广袤的稻田、婆娑的麦苗、青翠的菜畦和金黄的花海，四季更替中散发着清新的香气，为人们带来亲切、怡人、宁静的感受。作为乡村规划的重要组成部分，田野不仅是村民农耕和野外生产的场所，更承载着重要的生态功能，如防风固沙、抑制水土流失、净化空气等。其独特的景观特色使之成为乡村的标志性风景，不同季节交替呈现出截然不同的画面，吸引着人们前来游览。田野景色的美丽不仅体现了自然之美，更凸显了人与自然和谐相处的理念，为可持续农村发展提供了可贵的生态支持。

田野景观规划设计作为一门综合性学科，其核心理念涵盖了整体性、保持原貌、地域性表现、形式美规律和设计便利性等关键要素。首要的是将田野视为一个整体进行设计，以确保农田和林木在作物种植和林木选择上能够实现协调一致，达到整体和谐共生的目标。这不仅要求注重农田和林地的结构布局，还要求在农业生产活动中充分考虑到自然生态系统的平衡，以实现可持续发展。其次，田野景观规划设计倡导"大脚美学"，即在保持自然原貌的基础上，运用现代设计形式进行改造，坚持生态原则。这意味着设计师在规划过程中应当注重对土地的尊重，尽可能保留自然地形和植被，同时通过科学手段合理调整，以实现景观的生态友好性。这种融合传统与现代的设计理念有助于提升农田景观的艺术性和观赏性，同时不破坏原有的生态平衡。再次，田野景观规划设计强调地域性表现，通过巧妙的景观格局展现地域性特色。例如，可以利用梯田景观、平原种植景观等方式，使得设计体现出当地独特的地理和文化特征。这种地域性的表现不仅可以增强景观的文化内涵，也有助于凸显和提升农业产品的地方特色和附加值。从次，田野景观规划设计将形式美规律融入设计，运用形式美法则如重复、对称、统一等，还应考虑当地人的审美习惯。这种设计理念追求视觉上的协调与和谐，通过规律性的形式美元素，增强景观的整体美感。同时，应充分考虑当地文化和习惯，使得设计更加贴近人们的生活和审美需求。最后，田野景观规划设计注重设计便利性，确保美观且不妨碍农业生产活动。在设计中，需平衡景观的艺术性和农业生产的实用性，确保农民在生产活动中能够便捷高效地操作。

农村田野中零散分布的墓地对整体景观造成不可忽视的负面影响，导致土地资源浪费、植被破坏，影响了正常生产秩序。为有效解决这一问题，需进行乡村墓地的统一规划和设计，以生态公墓为目标。科学选址、节约能源、资源和生态环保原则应成为规划的基石，同时注重以人为本的布局。这一设计理念旨在实现乡村墓地景观的综合统一，既能够创造社会效益，又能够保障生态环境的可持续性，并在经济效益方面取得合理平衡。

农村田野景观的演变可划分为原始、传统和现代农业景观三个不同阶段。前两者皆为自给自足的农业系统，而如今，我国农业正在向现代化的转变。然而，这一现代农业发展的追求往往伴随着不合理的土地利用，给生态和美学效益带来损害。农业景观作为乡村的重要资源，既承载了农业生产的功能，也蕴含着丰富的生态美学内涵。在追求经济发展的过程中，土地被过度利用，农田被大规模整理，林地和湿地被开发，导致了原有的自然生态系统破碎和生态平衡的丧失。这种过度的土地开发对农业景观的生态功能构成了威胁，也引起了人们对其可持续性的关切。可持续发展与审美紧密相连，合理利用协调土地是实现这一目标的关键。在保障农业生产需求的同时，农业景观的规划设计应当注重生态平衡和美学效益的整合。合理规划设计可以在保留农村传统文化的基础上，恢复和强化农田、水体、林地等元素的生态功能。通过合理的景观设计，不仅可以提高土地的生产力，还能创造出具有艺术性和文化价值的农业景观，为农村注入新的生机。因此，对农业景观资源进行合理规划设计是促进可持续农业发展的关键一环。

（一）农田景观生态规划与设计

传统农田在农村扮演着不可或缺的角色，不仅是乡村的象征，更是农业景观的支柱。从景观生态学和农业生态学的角度来看，农业景观实际上是一个由各种生态系统构成的错综复杂的网络。在规划和设计农田时，我们应当运用景观生态学和农业生态学的原理，有机地整合农田要素，制定出科学而合理的规划方案。通过这种方法，我们可以保护农田的长期生产力，提升景观的美学质量，营造出和谐的自然乡村环境。这种综合性的规划不仅对维护生态系统的稳定性有益，而且能更好地满足社会对农业生产和环境质量的需求。

1. 影响农田景观的因素

影响农田景观的因素有以下三个方面：

（1）轮作制

轮作是我国农业的传统，合理轮作对于保持地力、防治农业病虫害和杂草危害以及维持作物系统的稳定性极为重要。为了实行合理轮作，在一个农田区域中必须将参与轮作的农作物按一定比例配置，显然，这样的按比例配置成为制约农田景观的重要因素。

（2）农业生产组织形式

不同的农业生产组织形式，在生产规模和生产方式上有很大的差异，而这些差异又直接影响到农田景观特征。例如，大型的农场，采用机械化和高劳动生产率，由此形成了由单一农作物构成的可达几百亩的农田景观。而对于绝大部分实行联产承包责任制的广大乡村，土地分割给每户，农户又按自己的意愿种植不同的作物，其结果是农田景观的各地块面积大大缩小，而地块的种类和数目却大为增多。

（3）耕作栽培技术

我国广大乡村地区实行作物间套作，这些耕作栽培技术对于改善农田生态系统的生产力，增强其生态和经济功能很有意义。例如，北方农田中可以看到不同作物呈行式或带式间作的农田景观。从小尺度景观的角度，可以认为它们是由不同作物形成的廊道，而该农田景观就由这些相互平行的不同类型的廊道构成。东北平原广泛采用每隔两行玉米种一行草木樨的间作系统。辽宁西部和南部则呈春小麦与玉米或其他作物带状套种的农田景观。

2.农田景观规划设计的原则

（1）整体原则

农田景观由相互作用的景观要素组成，规划设计应把其作为一个整体考虑，使之达到生产性、生态性和美学性的统一。

（2）保护原则

农田最基本的功能是为人类提供生存所必需的农产品。人多地少是当前主要矛盾，规划设计首先要保护基本农田，优化整合，满足人类生活的需要。

（3）生态原则

改变农业生产模式，发展有机农业、生态农业和精细农业，建立稳定的农田生态系统。同时，结合农田林网的建设，增加绿色廊道和分散的自然斑块，补偿和恢复景观的生态功能。

（4）地域原则

根据各地独特的自然地理条件，科学合理地塑造农田景观格局，凸显地域特性。以南方为例，打造丰收的鱼米之乡；而在华北平原，则形成小麦和玉米相得益彰的农田画卷；至于东北地区，以玉米和高粱相间的农田景观为特色；云贵高原，则以层层梯田勾勒出独特的美丽画卷。

（5）美学原则

农田景观具有独特的审美体验价值，不仅是生产的对象，还是审美的对象，作为景观呈现在人们眼前。规划设计应注重农田景观的美学价值，合理开发利用，提高农业生产的经济效益。

3. 农田景观规划设计的内容与方法

（1）斑块规划设计

①斑块大小。大型农田斑块的存在对生物多样性的提高至关重要，其为各类生物提供了广阔而相对稳定的栖息地。这种景观构建有助于支持更多种类的植物和动物生存，促进生态平衡。相较之下，小型农田斑块则对景观多样性的增加有正面作用，通过分散布局，为生态系统增添独特的微环境。最优农田景观的实现需要在大型农田斑块和小型分散斑块之间取得平衡，以形成有机整体。农田斑块的大小不仅受自然生态因素影响，还受社会经济和农业组织等人为因素的影响。从景观生态学的角度出发，确定农田斑块的大小需综合考虑景观适宜性、土地需求和生产要求等多方面因素。与此相关的是田块的长度和宽度，特别是在平原地区，适宜的农田斑块规模通常为 10～32 公顷。这种大小范围的选择有助于平衡生态系统的稳定性和景观的多样性，为可持续农业和生态保护提供了科学依据。

②斑块数目。农田景观的多样性与斑块数紧密相连。在大尺度规划中，景观适宜性是关键决定因素，而在小尺度上，斑块数与田块规模紧密相关，尤其在平原地区，一般为 3～10 块 / 公顷。通过合理规划斑块数，我们能够有效提升农田景观的生物多样性，实现更优越的生态效益。

③斑块形状。农田形状主要受地形和管理便利性的制约，通常呈规整的长方形或方形，其次是直角梯形和平行四边形，而不规则三角形和多边形则较少。这种规整形状既符合实际管理需要，也方便机械作业。

④斑块位置。农田斑块的位置主要取决于土地适应性。一般来说，连续的农斑块位置对于提高农作物的生产效率和有益种植是合适的选择。

⑤斑块朝向。农田斑块朝向是指田块长的方向，对作物采光、通风、水土保持和产品运输等有直接影响。实践表明，南北向田块比东西向种植作物能增产 5%～12%。因此，田块朝向一般以南北向为宜。

⑥斑块基质。斑块基质直接影响农作物的生长和经济效益，其包括土壤特性、平整度以及耕作方式等多个要素。对于存在明显差异的斑块，有必要进行土壤改良和施肥，以创造有利于植物生长的环境。平整的土地有助于实现农业集约化，提高灌溉、排水、通风和光合作用效率。在选择耕作方式时，应首要考虑如何提

高土壤的肥力，可采用作物轮作和间作等农业管理方法，以最大程度地提升农业产量。

（2）廊道规划设计

在农田景观中，廊道主要是指河流、防护林、树篱、乡村道路、机耕路和沟渠等，其中农田林网对农业景观影响最大，被视为农田景观中的廊道网络系统。

实践表明，农田林网能有效地减少旱涝、风沙、霜冻以及冰雹等自然灾害，并能有效地改变农田小气候（风速、温度、湿度、土壤含水量、水分增发量等）。在正常条件下，农田林网能提高小麦产量20%～30%，提高玉米产量10%～20%，提高果品产量10%～20%，使每亩棉花增产20～35千克，在自然灾害频繁年份，其保产增产效应更加明显。同时，农田林网也是乡村经济的一个重要组成部分，所提供的林特产品，如木材、水果、干果、桑和乌桕等，具有较高的经济价值，增加了乡村居民的经济收入。农田林网的存在对于防治水土流失、维护生态平衡、净化大气、降低空气污染，消除环境噪声、保护生物多样性和景观的多样性具有显著的作用。

农田林网设计的关键在于充分考虑自然地理条件，以实现最佳的防护效果和农业生产效益。首先，在主林带和副林带的设置上，应根据具体地理特征因地制宜。主林带的布置应考虑主要风向，与风向垂直，以最大程度地降低风力对农田的侵害。与之相应，副林带的设置则应垂直于主林带，并且可结合地形中的河流、沟渠、道路等元素布局，以实现更全面的防护效果。

农田林网规模的确定是设计中的另一关键问题，主林带和副林带的间距直接影响着防护效果和农机具的使用效率。在皖中沿江地区的实例中，主林带距离设置为450～600米，而副林带距离为500～900米，这一范围的选择旨在平衡防护需求和农业操作的实际情况，确保在防护范围内农机具的高效使用。

林带的宽度也是设计中的关键考虑因素，通常采用2～4行的布局，行距为2～4米。这样的设置有助于实现防护效果最大化，既可以有效减缓风力，又不至于对农田的采光和空气流通产生过大的阻碍。因此，宽度的选择应在维持防护效果的基础上，兼顾农田的自然环境需求。

在树种选择方面，需要综合考虑生态和农业需求，确保选择适宜的树种搭配。此目标是实现农田林网在防护的同时，不损害生态平衡，并为农业生产提供积极的支持。因此，树种的选择需谨慎进行，确保在维护生态效益的同时，实现农业经济效益的最大化。

（二）林果园景观规划与设计

现代林果园在农业景观中具有重要地位，已从传统生产功能演变为集生产、旅游观光和生态功能于一身的综合生态系统。农村林果园景观规划以乡村果树林木资源为基础，以市场需求为导向，旨在促进农村经济发展，同时协调人与环境、社会经济与生态资源之间的关系。

1. 林果园植物

林果园的设计和管理是一项综合果树品种选择、地理区域需求以及市场需求的复杂任务。在林果园规划中，首要考虑的是果树的种类和品种，必须根据地理环境和适地适种原则选择。此外，为确保林果园的长期竞争力，对所选果树品种进行良种化管理是至关重要的。这不仅有助于适应当地气候和土壤条件，还能满足市场对果品品质不断提升的需求。

对充分利用土地资源而言，果树的间作管理策略尤为重要。果树的行间可以种植矮秆作物、瓜类和蔬菜等，以提高土地的利用效率和经济效益。不同的间作方式包括果树与农作物、瓜菜、牧草的搭配，可以实现多种植物之间的良性互动。这不仅可以有效减少土地的闲置，还有助于提高果园的总体产量。

在管理层面，采用立体复合栽培是一种创新的策略。在果树冠和葡萄架下栽培食用菌，不仅可以充分利用立体空间，还能够获得更多的经济效益。

2. 林果园景观与旅游开发

浙江省台州市螺洋休闲果园规划用地为 16.25 公顷，属缓坡山地和部分平地，以种植枇杷、柑橘和杨梅等果树为主，夹杂零星旱地和稻田。近年来，随着当地经济的高速发展，人均收入和居民生活水平迅速提高，旅游经济显露出作为新的经济增长点的巨大创业潜力。因此，充分利用螺洋在台州区域经济中的自然景观优势及果树资源优势，将其转化为特色鲜明的旅游休闲产业。休闲果园的规划旨在充分发挥农业高科技的优势，引入各类名、特、优、稀、新品种，打造一个风景如画、四季花香果香的大型观光果园，实现生产经营与生态旅游的有机融合。林果园充分利用自然山水景观基础，以植物造景为主，辅以园林建筑、小品和服务设施，构成一个景观丰富和科学种植相兼容的经济实体。林果园共规划以下五大景区：

（1）鲜果迎宾区

入口接待区，除了接待设施，还建有一条特色果品商业街，经营本园的各色时令新鲜水果。布局采用传统与现代结合的形式，既有浓厚的乡土气息，又具有时代特征。

（2）桃林春风区

以种植名、特、优、新品种的桃树为主，春天赏花、夏天品果，并在其中心部位设置供游人品茗休息的设施。

（3）金果映日区

遍植橘树，以秋季赏橘、品橘为特色。景区建有富有当地民居建筑风格的"乡村果吧"，不仅为游客提供新鲜的水果、果汁和果茶等特产产品，还向游客展示传统的果脯制作工艺。

（4）梨园舒雪区

园内不仅栽植各色名优品种梨树，还是全园活动的中心，根据果树不同成熟时间，举办梅花节、桃花节、梨子节、橘子节等活动。另外，园内还在室内种植各地的奇珍异果。

（5）梅景弄月区

以梅为主题造景，游人在此品茗赏梅，欣赏诗赋。

林果园的景观旅游开发，使农业生产用地向乡村经营型游憩绿地转化，有助于实现乡村景观的社会、经济和生态效益的统一，更为重要的是丰富了经营方式，有助于发展乡村经济，提高乡村居民收入，有助于乡村建设。

（三）庭院生态景观规划与设计

庭院生态经济是指农户充分利用庭院的土地资源，因地制宜地从事种植、养殖、农副产品加工等各种庭院生产经营，不仅增加了乡村居民的经济收入，还丰富了庭院景观。

庭院经济是在传统自给自足的家庭副业基础上演变发展起来的一种农业经营形式。目前，庭院生态模式很多，归纳起来有以下四种模式：

第一，庭院立体种植模式。

第二，庭院集约种养模式。

第三，庭院种、养、沼循环模式。

第四，庭院综合加工模式。例如，山东省西单村的庭院建设生态工程于 1983 年开始规划实施。根据规划，每个农户庭院占地为 25 米 × 16 米，其中可利用面积 272.6 平方米。庭院内一部分面积栽种蔬菜，正门到大门的走廊栽种两排葡萄。厕所一般用隔层分为上下两层，上面养鸡，鸡粪作为下面猪的饲料。庭院前是一个 16 米 × 4 米的藕池，藕池与厕所相连，每天猪排出的粪便冲入藕池作为肥料。院墙外四周分别种植葡萄、丝瓜和芸豆等藤本植物。此设计保证了从地面到空中，从庭院到四周，从资源利用到经济产出和环境改善等多方面多季节综合效益的获得，实现了庭院生态系统的良性循环。

根据不同的认识阶段、经济水平和发展趋势来看，庭院景观分为三种类型，即方便实用型、经济效益型和环境美化型。方便实用型是农户根据自己的喜好，种植蔬菜和瓜果，除了满足自身需要，还能获得部分收入。经济效益型的特点是农户充分利用自己的技术特长，根据市场变化，组配高产高效的经济模式，如前面提到的庭院立体种养，经济效益较好。环境美化型将环境改造作为庭院建设的主要目标。

随着国家加强对农村宅基地的控制和管理，乡村庭院面积较以前大为减少。目前，每户村民的宅基地在 120～150 平方米不等，除去住宅占地、交通、活动面积外，只剩几十平方米的场地，发展庭院经济比较困难。在经济发达的乡村地区，乡村居民逐渐将环境改善作为庭院建设的主要目标，这为每户村民施展造园才能提供了空间。

从实地调查来看，庭院景观设计还处于起步阶段，目前只是限于简单的硬质铺装和绿化，并没有过多的艺术追求。

三、乡村公共空间景观规划设计

农村公共空间的重要性在于其为所有村民和游客提供了开放的场所，涵盖了广场、公园、商店和集市等多元元素。景观规划设计不仅能够提升地区整体形象，更直接影响着居民的生活质量。

乡村景观小品包括了交通、市政、生态、宣传、服务、休憩、装饰和商业等多种形式的设施，例如标识、雕塑和水体景观等。在设计中，需要综合考虑活跃氛围、空间联系、视觉引导和心理疏导等因素。我国传统美学思想应成为设计的指导，以融入地域文化特色。文化的融入并不会减弱设计的作用，相反，它会增色添彩，深化人们对公共空间的印象。同时，乡村公共空间景观设计应运用当地材料，展现历史文化和地域特色。以山东费县芍药山乡小湾村广场为例，其设计巧妙地融入了沂蒙山区文化元素，打造了现代感休闲舞台，为村民和游客提供了具有地方特色的放松场所。在景观规划中，要特别注重儿童娱乐和运动设施的设置。这不仅符合现代社会对全面发展的重视，也展现了现代我国乡村景观的新面貌。这种关注儿童的设计不仅能够提供娱乐场所，还有助于培养他们对自然和社区的关爱意识，从而促进社区的可持续发展。

农村集市作为主要的商品交易场所，在促进农村经济和商品生产方面具有不可忽视的作用。然而，由于缺乏合适的地点和有效的组织，农村集市往往陷入脏乱差的境地，这不仅对生态环境造成威胁，还容易导致环境污染和交通拥堵等问题。因此，在农村集市规划设计中，选择适当的地点和合理组织布局显得尤为重要。首先，集市地点的选择至关重要。固定场地或非主干道旁边的道路是合适的选择，这有助于减轻或避免交通拥堵问题。选择这样的地点不仅有利于交易活动的有序进行，还能避免因交通拥堵而引发的不便和安全隐患。同时，为了提高集市的整体舒适度，应当适度绿化集市场地，提供乘凉场所，使集市成为一个宜人的环境，从而吸引更多的村民和游客前来。其次，集市设施的设置应当合理。这包括固定摊面和临时车辆看管场所的合理规划，以确保摊贩有固定的经营场地，而临时车辆也能得到有效的管理，从而避免因车辆乱停乱放而引发的交通混乱。同时，垃圾收集设施也是必不可少的，有助于及时清理和处理集市交易产生的商品垃圾，有效维护集市环境的卫生与整洁。

四、乡村道路景观规划设计

（一）概述

乡村道路是乡村经济发展的动脉。加快乡村道路的建设，对促进区域经济发展、扩大乡村道路涵盖范围、提高乡村居民的生活水平、改善乡村消费环境有着十分重要的战略意义。按使用性质，道路分为国家公路（国道）、省级公路（省道）、县级公路（县道）、乡村道路以及专用公路五个等级。乡村道路是指主要为乡（镇）村经济、文化、行政服务的公路以及不属于县道以上公路的乡与乡之间及乡与外部联络的公路。作为乡村景观的乡村道路涵盖范围比较广，不论何种等级的道路，只要位于乡村地域范围内，都可以作为乡村道路景观规划设计的对象。

乡村道路的建设与连接地区密切相关，其对经济的促进作用巨大，就像农村的"血管"在输送养料。这种连接不仅仅是物理上的联系，更是经济活力的传递和资源流动的重要通道。因此，在道路设计中，除了考虑经济效益，还需兼顾美学和生态价值，确保其在促进经济发展的同时不对自然环境造成不可逆的破坏。驾驶安全是乡村道路设计的首要考虑因素，因此，倡导采用自然表现形式，如石材，以提高道路表面的抓地力，同时避免对生态和视觉空间造成不必要的破坏。绿化、废弃地修复、斜坡生态恢复、森林外缘修复以及生态廊道设计等手段，都可以纳入乡村道路景观规划中，以实现生态与景观效益统一。绿化可以改善空气质量，增加植被覆盖率，提供自然的防护屏障。废弃地修复和斜坡生态恢复能够最大限度地保护土地资源，防止水土流失，同时为当地生态系统注入新的活力。森林外缘修复和生态廊道设计则有助于维护道路周边的生物多样性，形成一个自然的生态网络，提供动植物迁徙的通道。

在当今道路快速发展的我国，景观规划设计师在道路景观规划设计中所起的作用是被动的，还停留在比较初级的"美化"层次，也就是在道路建成后，做一些"美化"工作，这与西方国家20世纪20～30年代的情况惊人的相似。然而，景观规划设计师在道路的选线、安全使用、环境保护与生态设计等诸多方面，有着不可替代的作用。因此，更新道路景观规划设计的观念，避免"形而上学"的设计思维模式，成为当代景观规划设计师亟待解决的问题。

（二）乡村道路景观规划设计原则

1. 安全原则

任何等级和使用性质的乡村道路运营的首要前提是满足安全的要求，缺乏行车安全的道路，再如何谈论景观都毫无意义。安全性不只是道路本身设计的问题，道路景观也会间接地影响道路的安全性，如沿线景观对司机视线或视觉的影响，因此，安全性是道路景观规划设计的前提和基础。

2. 整体原则

乡村道路景观规划设计应同其他建设密切配合，把道路本身、附属构造物、其他道路占地以及路域外环境区域看成一个整体，全盘考虑，统一布局。

3. 乡土原则

乡村道路景观与城市街景有所区别，其主要特征是以自然环境和乡村田园为主体。不同的地域具有独特的地形、地貌、植被和建筑风格，使得乡村景观呈现出多样化的面貌。因此，道路景观规划设计要因地制宜，使之成为展现道路沿线地域文化和乡村景观的窗口。

4. 生态原则

乡村道路景观的规划和建设应当充分考虑自然环境，遵循生态保护的原则，紧密结合于生态建设和环境保护，以修复和弥补道路主体建设所带来的不良影响。并通过景观生态恢复，达到乡村地区自然美化的目的。

5. 保护原则

乡村道路景观规划应保护乡村景观格局及自然过程的连续性，避免割断生态环境空间或视觉景观空间。对旅游风景区、原始森林保护区、野生动物保护区以及文物保护区等自然景观，应避开受保护的景观空间。对自然生态景观空间（如河流、小溪、草原、沼泽地等）和视觉景观空间（如村庄、集镇等乡村聚落等），要避免从中间经过，切断它们之间的联系。

（三）乡村道路景观规划设计的基本方法

道路景观已成为当今景观规划设计的热点，关于道路景观规划的文章也层出不穷，这些对今后道路景观的建设和发展具有一定的指导作用。然而，对已经建成的道路，尤其是乡村道路的景观整治和生态恢复的研究不多。道路生态恢复就是通过人工辅助的方法，使自然本身具有的恢复力得到充分发挥。这里结合国内乡村道路景观的实际现状，参考国外的一些成功案例，提出改善的构想和建议。

1. 乡村道路绿化

乡村道路绿化一般包括中央分隔带绿化、路侧绿化（包括公路路基边坡、平台、公路禁入栅、绿化带等）和重点景观绿化（如出入口、隧道、服务区、管理区等）。乡村道路绿化应满足安全驾驶、美化和环境保护的要求。植被的选择除满足功能要求外，应优先考虑当地的乡土植被。

对于乡村道路来说，一般在高速公路或其他高等级公路中才有中央分隔带绿化，宽度 1～10 米不等，具有分车、防眩、诱导视线和美化等多种功能。由于中央分隔带土层薄、土地条件差，防眩树种的选择常常以抗逆性强、枝叶浓密、常绿、耐寒、耐旱和耐修剪为原则，色彩以深绿色、浅绿色、淡黄绿色等各种不同绿色搭配，在一定限度内充分表现植物的季相变化。按防眩效果和景观要求，中央分隔带防眩遮光角控制在 8°～15°，树木高度控制在 1.6 米为宜，单行株距2～3 米，蓬径 50 厘米为宜。有关研究表明，中央分隔带每隔 10～15 千米变换植物种类、种植形式或改为其他景观能显著改善公路沿线景观，增强韵律感，调节驾乘人员心理。绿化模式采用防眩树种与花灌木相结合的形式，分隔带地表种植草坪和地被植物，可以有效覆盖地表，防止土层污染路面。在乡村道路规划中，行道树作为道路景观的基本元素，扮演着重要角色。然而，在进行绿化设计时，必须谨慎避免对生态系统或视觉空间的不良影响，应当摒弃大面积平面化设计的做法，同时避免沿路全线设置等宽的行道树。设计应该根据具体用地状况和环境需求，因地制宜地配置绿地形状，使其在农田间自然穿插，实现与周边环境的有机融合。因此，乔灌木不应沿路全线种植，而应根据具体情况加以布局和点缀，这在乡村道路两侧绿化中极为重要。不同等级的乡村道路，两侧绿化的要求也不一样。对于高速公路，越靠近路边越不宜种植过多或过高的树木，尤其是落叶树木，否则驾驶员会因车速过快而在视觉上产生不适感，影响行车安全，同时也影响车内乘客的视觉感受。对于一般的乡村道路，除了必须保留的一些树木，在路旁空地和道路断面许可的情况下，可将树木栽植于路旁草坪、灌木丛后，或者是路旁的陡坡上。这样一来，不仅能够创造出宽敞的视觉空间，使道路与树木之间形成和谐的景观，同时也为树木提供了适宜的生长环境，而且有利于路边生态空间的营造。

服务区、管理区等地的绿化设计主要是通过空间划分和植物配置，以建筑物为主体，结合现代景观表现手法，达到休闲、游憩和提高环境质量的目的，从整体上营造建筑、场地与绿化交融掩映的氛围。

2.废弃地的景观生态恢复

在乡村道路沿线，经常可以看见一些不具有经济价值的荒地或绿地，它们不仅景观单调，而且没有发挥其应有的生态价值和美学价值。这些地方经过适当景观生态恢复，不仅能改善和丰富道路沿线的景观面貌和层次，而且对改善乡村地区的生态环境有着重要的意义。

对于那些无法避免或已经被乡村道路切断的原有生态环境，同样需要进行景观生态修复。例如，德国巴伐利亚州在修建外环路时，一些草原被从中切断。为减少对草原森林的破坏，在道路旁边辟建了1.8公顷的湿地。一年后湿地景观已初见成效。原先被道路切断的水域，又长满了新的植物。接近路边新设置的栖息区，任植物自然发展与生长。一年后经调查，有142种植物、35种鸟类以及不少动物，达到了生态保护与自然美化的目的。

3.道路斜坡景观生态恢复

乡村道路通过丘陵山地，经常出现大面积的斜坡，或者破碎岩石裸露，或者涂敷混凝土的挡土墙，给人一种人工开凿的痕迹，对此应进行景观生态恢复。

在砾石土壤斜坡施工完成后，经过清理砾石材、覆盖地表土壤的措施，坡面上方成为适宜栽植树木的区域，而其他区域则采用草坪和地被植物绿化。通过人工栽植和风力传播的树木种子不断生长，逐渐建立了自然生态的绿化景观，实现了生态系统的恢复和生态环境的改善。

对于坡度较缓的斜坡，覆土后，在坡顶密植当地品种的树木，而斜坡内侧不进行任何树木的移植，任其自由发展。为了协助植物生长，在最初三年人工种植一些野草，而六年后，斜坡面上新生长的树木（由风力传播的种子长成）会与人工密植的树木融为一体。

对于岩石边坡，绿化需要特殊处理。目前，有6种岩石边坡绿化方法。其中，喷混绿化法和厚层基材喷射法是当前岩石边坡生态修复的最新模式，是岩石边坡工程防护与生态绿化并重的新技术，能使植物在短时间内快速生长覆盖。其基本原理就是使用经改进的混凝土喷射机将拌和均匀的植被混凝土（土壤、肥料、有机质、保水材料、植物种子、水泥等混合干料加水）或厚层基材混合物（绿化基材、纤维、植壤土及植被种子的混合物）按设计厚度喷射到岩石坡面上，通过植被根系的力学加固和地上生物量的水文效应，达到护坡和改善生态环境的目的。

二者的不同之处在于采用的黏结材料不同，前者为水泥，后者为高分子材料。具体的施工方法是：边坡修整，挂网并安装锚杆，喷混（前者）或喷射基材混合物（后者），铺无纺布养护（前者）或养护（后者）。经过养护后就能生长出茂密青草，同时解决岩石边坡防护和绿化的问题。

4. 道路边的森林外缘修复

乡村道路经过或穿过森林地时，需对道路边的森林外缘进行修复。典型森林外缘空间的自然形式是逐渐由森林中的树木、经灌木丛区和地被植物，然后与道路衔接。由于存在多重植物层级，因此森林外缘成为最有价值的动植物生存场所。然而，森林外缘常常被视为"无用"的过渡空间而被忽视，这些有价值的生态栖息区在逐渐减少。因此，要避免道路开发建设过程中铲除和破坏森林边缘。

为了维护森林外缘的基本功能，在道路与灌木丛之间应至少保持 3 米的缓冲距离，也就是在道路与森林边缘应留有适当的距离。需要砍伐时，应留有 10～15 米的宽度，以便修复森林边缘空间的生态机能，营造一个新的森林外缘空间。一般，可采用以下两种方法：

第一，对于较不通风或缺少日照的区域，以带状方式砍伐树木，任其搁置于外缘区，不加任何处理，作为动植物的栖息场所。

第二，在外缘区种植一些当地的植物与落叶树，原则上，落叶树种设置在靠近森林区的内侧，而灌木丛配置在森林外缘区的外侧，这些新种植被与原有森林间最好以交错间植的方式来种植，而不是以直线的方式来进行，一些适合的树群可混种在一起，以形成未来不规则的森林外缘区景象。只有在土地不足的情况下，森林外缘区才可种植较少的树木。

5. 生态廊道修复

从景观生态学的角度来看，道路工程在修建前与周围的环境具有连续性。在修建后，会形成廊道，起运输作用。这个新形成的景观要素基本上不存在生物量，道路工程的修建会降低所经地区景观生态功能的稳定性。

道路工程对景观和生物多样性带来显著影响。在乡村地区规划道路时，有必要进行详细的生态研究，了解动植物的分布和迁徙规律。为了降低对生态系统的负面影响，建议在适当的地点建设生态走廊，为昆虫和爬行动物提供通行通道，防止道路对它们正常活动的干扰。这一措施不仅有助于生物多样性的维护，同时也有助于促进动植物种群的繁衍和壮大。

在丘陵或山区，许多乡村道路选择路堑而不是隧道方案，以减少建设成本，其结果是阻断了道路两侧的动物活动空间。隧道上方的植被与自然生长的树林彼此交错，不仅达到了自然美化的效果，更重要的是重新营造了一个完整的生态廊道。除了在隧道上修建生态廊道，还应当定期对生态廊道进行监测，以评估其实际的效果。具体做法是，通过观察冬季雪地上爬行动物的足迹，了解动物种群的迁徙活动情况，再与该地区动物种群的种类和分布做对比，评估新建生态廊道所起的作用，为生态廊道是否需要进一步改善提供决策依据。

6.道路边的雨水滞留区

高等级公路由于路基较高，在交流道路旁会形成自然雨水滞留区。国内通常的处理方法就是绿化，在满足排水要求的前提下，通过几何绿化图案加强该区域的景观视觉效果。这种处理方法只是简单的道路美化，缺乏生态经济价值。

道路两侧的雨水滞留区可以作为雨水排放时的缓冲空间，它还可以对冲刷道路所产生的污水进行净化，有效地降低对环境的污染，并减少水处理时对有害物质的净化工作量。因此，雨水滞留区应作景观生态处理。例如，雨水滞留区可处理成小型湿地景观，利用芦苇等水生植物对道路排水进行生物式与机械式的净化处理。并通过设置小岛、水岸处理、植物配置，进行自然美化。施工完成后，在短时间内，就可以形成一个自然丰富的生态景观。

五、乡村绿化景观规划设计

乡村绿化景观是乡村景观规划设计的关键组成部分。绿化景观规划设计主要涉及对植被等的科学布局，以实现建筑景观、公共空间景观和绿化景观的有机融合，达到更为优美的景观视觉效果。

绿化景观设计在日本进士五十八先生的"舒适设计"框架下，可从五个标准出发进行探讨。首先，功能性标准方面，植被的引入具有多重效益，包括净化大气、调节气候、保护地表和缓冲功能，使其成为城市环境中不可或缺的要素。其次，景观视觉性标准下，植被在景观规划中扮演着标示、引导和美化的角色，起到视觉引导的作用，为城市增添了更为宜人的面貌。进一步地，自然性、生态循环和生物性标准着重强调植被的生态功能，包括氧气供应、食物链支持和生态系统平衡，从而体现自然与生物多样性的重要性。在社会性标准方面，植被不仅展现了农村地域性和历史性，还具有教育性和生产性等社会属性，为城市赋予了更为丰富的文化内涵。最后，精神性标准下，绿化景观设计通过植被的布局为居民和游客提供舒适性、审美性和神秘性的绿化环境，进一步促使城市与自然和谐共生。

在乡村绿化景观规划中，舒适环境标准被视为核心，强调整体到局部的设计和生态的兼顾。植被配置的目标是保护当地生态和多样性，考虑空间适度、密度、模度以及行为尺度。这一规划着眼于打造与自然和谐共生的绿色空间。在植被配置方面，规划注重植物的生态功能，以维护当地生态系统的平衡和多样性。此外，空间的适度、密度和模度应得到合理考虑，以确保植物的生长和发展得到良好的空间支持。这有助于创造一个生态友好的乡村环境。舒适环境标准下的乡村绿化景观设计侧重人的感官体验，满足视觉、听觉、触觉、味觉和嗅觉需求，遵循尺度原则，使人在美的比例下感到舒适。为了实现这一目标，规划侧重于整体的设计理念，确保各个要素相互协调。人的行为习惯需被充分考虑，绿地设置不仅应考虑到视觉上的吸引，还需符合人们"趋近"和休憩的行为需求，创造宜人的休闲空间。

农村景观的独特之处在于其自然特色，而植物作为其最重要组成部分，不仅具备造景功能，还承担生态、文化和经济的重要职责。因此，在农村绿化景观设计中，色彩美和形式美被充分考虑，涵盖建筑周围、滨水区和公共活动区，以全面提升乡村绿化景观的质量。

首先，乡村绿化景观设计在强化植物造景功能方面，通过精心选择不同季节的植被，展现春夏秋冬的景观特色，从而创造出独特的时序感。植物在空间设计中扮演着多重角色，包括分割、构成、扩大或缩小空间等方面。其高低错落、疏密结合、穿插和色彩差异的巧妙搭配，使得整体空间呈现出丰富的变化。通过视觉阻碍效果，植物能够突显或隐匿景观元素，为景观设计增添了层次和趣味。在实践中，景观设计应秉持地方性和自然化原则。选择地方性植物有助于适应当地气候和土壤条件，提高植物的生存率。自然化原则的运用使得设计更加贴近自然，融入当地文化特色。结合"大脚美学"和现代设计语言，景观设计得以在美学上取得更为显著的提升。树种的综合布局涵盖了乔木、灌木和草本植物，为景观增添了层次感和丰富性。色彩配置方面，保留野生植被同时引入颜色特殊的植物，既保持了自然的基调，又丰富了景观的色彩层次。

其次，乡村绿化景观设计的关键点之一是发挥植被的多功能性，其涵盖生态、经济和医疗功能。第一，在生态方面，植被在净化空气、防风固沙、调节气候、降低噪声和保护生物多样性等方面发挥着重要作用。第二，植被不仅提供食品和木材，还在经济层面发挥关键作用。因此，在乡村绿化景观设计中，要综合考虑植被的生态和经济效益，通过巧妙布局，实现可持续发展的目标。第三，在医疗方面，植被对身体健康和心理放松具有积极效果，如"园艺—森林疗法"。这提示了在乡村景观设计中应着重创造具有医疗价值的绿色空间，以促进居民的身心健康。

最后，乡村绿化景观设计作为农村生态平衡的核心，应当将文化融入园林绿地。这一设计理念将绿地景观视为乡村景观规划的重要组成部分，突出了文化元素的传承和表达。在规划中，设计者需要深入挖掘当地特色和文化元素，以构建具有独特魅力的乡村绿化景观。在这一过程中，打造"绿色历史长廊""绿色文化斑块""绿色文化节点"等特色区域，成为优化观者心理感受、改善居民生活质量的有效手段。绿地规划的核心在于突出农村性和整体性，注重生态系统的完善、保护和重建。结合生态文化和人文文化，运用当地的绿廊、绿楔、绿道和节点，将其融入基于地方特色的历史文化中。通过这种方式，不仅实现了对生态系统的保护，还使绿地景观成为文化传承的载体。在生态与文化的交融中，乡村绿地规划得以更为全面和可持续的发展。对于植被的选择，应当充分考虑本地植物，突出当地特有植被，形成独特的品牌效应。这不仅有助于维护生态平衡，也为乡村绿地赋予了独特的地域标识。对于拥有丰富地方特色的地区，如寨郝村以葡萄景观丰富建筑绿化，不仅美化了环境，更提升了居民的生活水平。因此，通过合理运用本地植物资源，设计者能够打造具有鲜明地域特色的绿地景观，为农村乡村绿地规划增色不少。在乡村绿地规划中，融合文化元素和生态保护成为迫切需要的设计方向。创造独具特色的景观，不仅能够满足当地居民对美好生活的向往，还能够吸引游客，促进乡村旅游的发展。这种独特的设计理念不仅注重美感，更关注文化的传承，实现了景观的可持续发展。因此，乡村绿地规划应当在生态保护的同时，通过文化元素的引入，创造出令人耳目一新的、可持续发展的绿地景观设计。

六、乡村水体景观规划设计

我国自古以来对水有着深厚的情感，古代文明地孕育于黄河流域。在农村地区，水体景观分为自然水体（如河溪、湖泊、涌泉等）和人工水体（沟渠、人工湖、人造喷泉等）两大类。这些水体构成了农村水系，担负着水利、环境和社会三大功能。

在水利功能方面，农村水系为当地提供了丰富的水资源，一些地区还能利用水体发电，为农村经济发展注入了新的动力。环境功能上，水体为各类生物提供天然栖息地，同时也是其娱乐场所，形成独特的水景观，支持水上运输，并发挥水质净化等环境功能。在社会功能方面，农村水系创造了良好的居住环境，为观光产业提供了重要的资源，形成了地域骨架。此外，水体景观的存在对居民心理产生积极影响，为艺术活动提供了独特的舞台，同时传承了丰富的文明与文化。在农村景观中，水的风景价值占据着重要地位。水体的景色、声音、味道和气味，以及与水接触时的感觉，能够激发人们的愉悦感，使人沉浸在自然美中。

在水体景观的规划设计上要注意以下几点：首先，安全性方面，应特别关注老人和小孩在水边活动的安全。这可通过避免设计过于湿滑的驳岸，设置栏杆和设置警示标志等手段来实现。这些措施旨在降低水域周边活动的潜在危险，为社区居民提供安全的水域休闲环境。其次，保护自然和生态特征是水体景观设计的另一核心要素。其设计应与原有水景相融合，以保持协调一致的整体风貌。在现代改造中，必须在土地和水资源承载力范围内进行，以维护水生生物的栖息地。这有助于保护水体的自然特征，促进生态平衡。人性化设计是水体景观规划的重要考虑因素，旨在提供愉悦的体验。通过刺激五种感官，水体景观设计可使游人获得丰富的身心感受。为了增强参与感，可以设计滨水区垂钓、水车体验、独木桥、漂流探险等项目。这样的设计不仅使人们更好地融入自然环境，同时提升了整体的景观吸引力。最后，水体的合理利用至关重要。水利功能可以应用于农业生产，但必须避免过度使用。开发利用活动也必须在水体的承载力范围内进行，以确保可持续性。这有助于防止对水资源的滥用，维护水体的生态平衡，确保其在未来能够持续发挥各种功能。水体是指在地面、地下或空中以不同形态存在的一定量的水体积；而水域是指由定量的水体占据着的地域。前者侧重于水的数量和体态，后者侧重于水面面积和位置地面水域，主要指江河、湖泊、沼泽、水库、海洋、雪原和冰川等。

（一）水与乡村景观

水是人类赖以生存的基本资源。最早的人类聚落，更是"逐水草而居"。无论从我国古代聚落遗址（如西安半坡遗址等）还是从现存众多传统乡村聚落的空间布局，都可以看出大多数的乡村聚落都依山傍水、靠近水源。而且，我国众多的村落常以泾、滨、港、沟、洼、滩、浦、渡、桥、塘以及堰等来命名，这些足以说明乡村聚落与水资源存在着密切关系。其原因不仅在于水是人类生存的最基本要素，还在于水具有心理、观念和美学上的作用，以及生态上的功能。因此，水资源是对乡村聚落影响最直接、最深刻的自然因素，其他自然因素直接或间接地通过水环境来影响乡村聚落。在村镇发展中，水成为乡村景观的重要元素。在江南平原地区，许多村镇或依水而建，或沿水两侧而建，或围绕河口而建，形成了不同的水与乡村聚落的空间景观格局。在皖南山区，许多乡村聚落，如黟县的宏村、西递村、碧山村，歙县的唐模村、呈坎村，休宁的临溪村等，或溪水傍村而过，或溪水穿村而过，或引水入村，充分体现水的特色。正是这独特的自然条件和地理位置，造就了徽州独具特色的水口园林。它以风水理论为依据，使风、水、林等自然景观与亭、阁、榭、桥、塔等人文景观有机地结合在一起，不仅成为当地居民休闲、游憩的场所，也成为村落的标志性景观。水系不仅影响着村镇外部和内部的空间景观构成，而且对居民私家的庭院景观也有影响。许多没有水源的乡村聚落都挖塘蓄水，不仅对方便村民用水和防火有重要的作用，而且成为村镇的中心，对改善村镇空间环境和景观也有重要的作用。

（二）乡村水系功能与形式

1. 乡村水系功能

通常情况下，传统的村庄水系涵盖了多种功能，包括供水、灌溉、洗涤、交通运输、排水、防洪、水库调节、美学景观、生态保护、火灾防范以及防御等方面。尽管在现代化进程中，村庄水系的一些功能逐渐减弱，但生态和美学功能却表现得更为显著。

2. 乡村水系形成

乡村水系一般包括湖泊、江河、溪流、水库、池塘和沟渠等形式，其中，河（溪）流、池塘和沟渠等形式在乡村中较为普遍，也是乡村水系景观规划设计的重点。

（三）乡村水系景观规划设计原则

在景观规划设计领域，乡村水系的各个类型都面临各种不同的挑战，因此需要因地制宜，采用具体问题具体解决的方式。尽管如此，不同类型水系的规划设计也需遵循一些共同基本原则。

1. 整体规划原则

乡村水系作为一个复杂系统，其景观受多因素影响。其规划设计需从整体和系统视角出发，涵盖水土流失控制、水资源调配、水利工程环境评价，以及环境污染综合治理等方面。解决这些问题对于乡村水系景观规划设计至关重要，不仅关乎生态平衡，还直接影响乡村可持续发展。

2. 目标兼顾原则

乡村水系具备多元化的功能，其景观规划设计不仅仅是应对单一的生态或美观问题，还需要全面思考水系的多重功能。

3. 生态设计原则

遵循景观生态规划设计原则，应同时考虑乡村水系的实用性和自然特征的恢复，强调景观的差异性，维护生物多样性，塑造乡村景观生态走廊，推动乡村水系的可持续发展。

（四）乡村水域景观生态规划设计的基本模式

1. 河流（溪流）

河流和溪流，作为自然流动水域，在景观生态规划设计上呈现出相似性。以河流为例，当前乡村地区河流普遍经过改造，导致水域空间发生变化，对动植物生存产生深远影响。动植物原有生存区减少，但同时伴随着新的栖息区的出现，这是河流改造的必然结果。因此，为有效恢复乡村多样性景观，需重新美化和维护过度开发的河流水域。

（1）河道平面

乡村河道改造在防洪方面通常采用"河流渠道化"方式，然而，这一方法单纯依靠改变河道形态难以全面解决问题，甚至可能对生态环境和美学价值造成破坏，正如美国基西米河改造。自然河道的生态承载力受多种因素的综合影响，包括水量、流速和污染等，形成了沙洲、小岛以及不同流速的水域，为河流景观增添了丰富多彩的元素。在河道改造过程中，首要任务是解决瓶颈问题，确保水流通畅。其次，在考虑水文状况的基础上，应当采取措施扩大局部河湾，这不仅有益于防洪，还有助于维护河道的生态平衡。通过合理的设计，可以在保护河道基本功能的同时，保持河段的自然平面形态，充分发挥河流的原有特性。

（2）河道断面

河道断面与水位密切相关，对于自然河道的设计至关重要，尤其需要充分考虑季节性水位变化，以形成充足的动植物栖息地。在保持河道通畅的基础上，合理设置不同深浅的水域，创造多样化的景观，为生物提供多样的生存空间。在人工河道的规划中，需要兼顾防洪和景观的双重目标，采用台阶形式的断面设计，不同水位设置相应的湿地植物，如芦苇、荻草以及水杉、水曲柳等具有耐水性的植物。这种设计不仅能够美化河道环境，还能够有效保护堤岸，减轻淤塞和水土流失的问题。值得一提的是，明代刘天和提出的"治河六柳法"为植物在堤岸保护方面提供了经典范例。通过巧妙配置多种植物，实现生态功能的同时，确保河道的稳定性，使环境得以美化。因此，河道断面设计必须全面考虑生态、景观和防护目标，以实现可持续发展的目标。通过合理的生态工程手段，在维持水体畅通的同时，为沿岸生物提供充足的生存环境，推动人工河道的可持续发展。

（3）驳岸

驳岸在乡村河道生态规划设计中具有至关重要的地位。当前国内外普遍倾向于采用生态驳岸，其指的是为经过恢复的自然河岸或人工驳岸，具有"可渗透性"。这种设计不仅能够有效保障水分的交换和调节，而且具备一定的抗洪能力。生态驳岸在护堤抗洪的同时，通过发挥滞洪补枯、调节水位、增强水体自净力等功能，积极促进河流水文和生物过程恢复，对于乡村河道生态系统的健康发展起到了重要的支撑作用。

根据目前常用的生态护坡技术，如发达根系固土植物、土工材料复合种植基以及生态驳岸类型植被型生态混凝土等，生态驳岸一般可分为以下三种：

①自然原型驳岸：通过利用自然环境中河流驳岸的生态特征，采用植被群落的根系来巩固驳岸，从而有效地防止水土流失，维护河流的生态平衡。一般而言，这类驳岸的植被组合涵盖了各种植被，包括沉水植物、浮水植物、挺水植物、草地、灌木和林地。这样的自然生态驳岸在面对洪水时相对脆弱，主要适用于那些河流两岸存在泛洪区或洪水规模较小的乡村地带。

②人工自然驳岸：除了引入植被种植，这类防护河流驳岸的手段还包括运用天然材料如石材、木材等，以巩固驳岸的底部，从而提升其抵御洪水的能力。具体操作方法包括在坡脚采用石笼、木桩或者浆砌石块（配备鱼巢）等方式来保护坡底，接着在其上构建一个具有一定坡度的土堤，并进行植被种植。通过人工和植物根系的协同作用，共同巩固堤坝，以达到护岸的目的。

③多种人工自然驳岸：植被型生态混凝土是日本在河道护坡方面的研究成果，主要由多孔混凝土、保水材料、难溶性肥料和表层土组成。其做法为：首先用植被型生态混凝土等生态材料护坡，然后在稳定化的坡上种植耐涝植物。河道可以利用生态混凝土预制块体做成砌体结构挡土墙或直接将其作为护坡结构。

（4）河道衍生带

河岸边缘的衍生带，被称为生态储备区，是生态系统中至关重要的组成部分，对维持生态平衡和满足人类需求具有重要作用。其由乔木、灌木、草地和湿地等组成，呈现出多样的物种和复杂的结构。作为水陆交界边缘的重要区域，衍生带处于物质和能量频繁流动的状态，因而拥有生物多样性和景观异质性。此区域不仅为各类动物提供了良好的栖息地，还在预防水土流失、保护和美化河岸等方面发挥着至关重要的作用。

（5）河流生态恢复案例

西方国家在河流生态恢复方面的经验表明，其遵循河流地貌学原理，通过一系列手段对河流进行修复。这包括重建深潭和浅滩、修复直河段、调整河槽宽度、拆除混凝土驳岸及涵洞等措施。这些河流生态恢复措施使河床重新形成自然特征，为河流生物提供更适宜的生态环境。实施过程中，注重保育和恢复措施，以促进河流自我修复的能力提升。这些经验为其他地区提供了有益的借鉴。

　　基西米河的生态恢复工程是美国迄今为止规模最大的河流恢复工程，从规划至今已经历 20 余年。美国基西米河位于佛罗里达州中部，由基西米湖流出，向南注入美国第二大淡水湖——奥基乔比湖，全长 166 千米，流域面积 7800 平方千米。流域内包括有 26 个湖泊。河流洪泛区长 90 千米，宽 1.5～3 千米，还有 20 个支流沼泽，流域内湿地面积 18000 平方千米。为促进佛罗里达州农业的发展，1962 年到 1971 年期间在基西米河流上兴建了一批水利工程。这些工程的目的：一是通过兴建泄洪新河及构筑堤防提高流域的防洪能力；二是通过排水工程开发耕地。其结果为，90 千米直线型人工运河取代了原来蜿蜒的自然河道，建设了 6 座水闸以控制水流，大约 2/3 的洪泛区湿地经过了排水改造，连续的基西米河被分割为若干非连续的阶梯水库，同时农田面积扩大，湿地面积缩小。然而该水利工程对生物栖息地造成了严重破坏，主要表现在以下方面：

　　①自然河流的渠道化使生物环境单调化。

　　②水流侧向连通性受到阻隔。

　　③溶解氧模式变化造成生物退化。

　　④水闸人工调节，使流量均一化，改变了原来脉冲式的自然水文周期变化。

　　⑤原有河道的退化。

　　基西米河渠道化后引起的河流生态系统退化现象引起了社会的普遍关注。自 1976 年开始，历经 7 年的研究工作，提出了基西米河渠道化的河道恢复工程规划报告，并经佛罗里达州议会作为法案审查批准。规划报告提出的工程任务是重建自然河道和恢复自然水文过程，恢复包括宽叶林沼泽地、草地和湿地等多种生物栖息地，最终目的是恢复洪泛平原的整个生态系统。为进行工程准备，1983 年州政府征购了河流洪泛平原的大部分私人土地。

　　河流生态恢复的主要项目包括：在人工运河中建设一座钢板桩堰，将运河拦腰截断恢复生态内容，迫使水流重新流入原自然河道；连续回填人工运河共 38 千米；拆除 2 座水闸；重新开挖 14 千米原有河道；同时重新连接 24 千米原有河流；恢复 35000 平方千米原有洪泛区。

　　基西米河生态恢复工程的经验告诉我们，按照传统的水利工程设计方法造成的河流渠道化，会对河流生态系统带来哪些负面影响，为减轻河流生态系统压力采取河流修复工程措施，又会付出很高的代价。

河道景观生态规划设计改变了原来就水利而搞工程的传统观念，要求把河道整治与环境保护和自然美化结合起来。由于每一条河流的生态系统都不一样，所以制定统一的河流生态标准没有意义，并且可能因土地使用目的的改变，造成单调的河道景观。因此，河道空间的自然美化必须与周边自然环境有机结合。对于缺乏水域动植物栖息区的地区，应积极创造这些生态环境。扩大河道水域空间是实现自然美化的常见需求，而土地获取成为其中至关重要的因素。已有的河岸动植物栖息区相对于新建区域更为持久且效果更显著。在自然美化的过程中，必须保留河岸水域边已有的自然生态栖息地，只进行环境质量改善或栖息区扩充，以避免对现有生态系统造成负面影响。

2. 池塘

静水区中的池塘属于特定的生态环境，相对于流动水域而言，其生态系统呈现出近乎封闭的状态，生物链紧密相连，形成一个生态平衡体系。

在乡村地区，池塘分布广泛，除了那些用于聚落和水产养殖的人工池塘，还有各式大小、数量和深浅各异的自然池塘。这些水域对乡村生态环境产生深远影响，不仅是动植物的重要栖息地，还是塑造局部小气候的关键因素，具备多重功能，包括生态、美学和休闲等功能。过度开发或破坏这些静水区可能导致当地生态平衡的紊乱，因此必须以自然保护为主导原则。

为了恢复乡村自然生态可修复现有池塘，以及在荒地创建人造池塘，人工开挖的池塘在无人管理的情况下仍能有效地孕育丰富的植物和动物生态系统。在这一背景下，对于池塘的开发应该保持粗放的原则，特别是对于新建的池塘，可以通过植物播种来促进生态系统的扩展期，确保池塘的开发与当地地形形成良好的协调，以保证池塘具有良好的生态功能。池塘规划设计不仅包括植物的选择，还包括池塘的形状和深度等方面的设计。此外，必须注意防止对生态系统的负面影响，确保开发过程中不会破坏当地的自然环境。一旦建成，池塘的管理应该是适度的，使生态系统自然演化，根据需要进行适度的维护，以保持生态平衡。

1984年，德国巴伐利亚邦为了改善乡村地区的生态环境，为两栖类动物提供良好的生存环境，兴建了一片不规则的、深浅不一的小水塘区，并在建设初期，人工在水边种植了一些植物。一年后池塘生态环境已初步恢复，岸边植物自然生长。同样，由于修建高速公路，切断了两栖动物活动的通路，为避免它们在穿越高速公路时发生意外伤害，重新设置小水塘，提供它们必需的生活空间。这些人工兴建的池（水）塘不仅改善了乡村生态环境，丰富了当地的物种，同时也美化了乡村自然环境。

3. 沟渠

乡村水利设施在农业生产中具有重要作用，其中最普遍的是灌排沟渠系统。这些沟渠分为两类：明沟和暗沟，材料上又可细分为软质沟渠和硬质沟渠。

软质沟渠主要应用于田间地头，多为土质，具有良好的透水性和渗透性，有助于植物生长。在乡村景观中，软质沟渠不仅发挥了灌溉排水的功能，更扮演着生态保护与维护的角色，为动植物提供了良好的生存环境。

相对而言，主要干渠多采用硬质沟渠，如预制砌块沟渠和现浇混凝土沟渠。这类沟渠具有降低渠道渗漏、提高抗冲能力和增强输水能力等优点，对农业和乡村经济发展起到积极作用。然而，硬质沟渠在乡村生态环境保护方面存在不足，缺乏对生态系统的有效考虑。

在景观生态规划领域，乡村灌排沟渠应系统逐级排放，尤其以土沟为主，对其生态功能的关注是至关重要的。为了促进土沟生态区的形成，排水断面计算应适度放大，以提高生态系统效益。在乡村景观规划中，对土沟的定期维护是必要的，特别是在农业密集地区。然而，维护频率不宜过于频繁，以避免使土沟转变为生态贫乏区。对于已建成的硬质沟渠，应采取逐步的景观生态恢复措施，可以借鉴国外成功的案例。

在过去的历史中，德国巴伐利亚邦曾采用预制混凝土修建灌排沟渠，然而，这一做法却忽视了乡村生态环境的重要性。直到1984年，巴伐利亚邦及联邦政府通过自然环境保育法，明确规定了水域开发时必须考虑动植物生存区的维护，并在必要时重新营造。这一法规的实施对乡村发展计划具有深远的意义。基于自然生态观念，对原有的混凝土沟渠进行重新设计成为必然之选。新设计不仅仅满足了灌排系统的使用需求，更重要的是改善了生态环境，保护了动植物生存区。通过严谨的规划和科学的工程手段，重新设计的沟渠在不影响其实用性的前提下，最大限度地减少了对周边生态系统的干扰。这一变革丰富了乡村景观，使其既能够满足农业和灌溉的需求，又能够在保护自然生态的同时促进生物多样性的发展。

第四节　乡村景观规划设计的实例

一、通道县玉带河中药谷

（一）现状分析

中药谷位于通道县东部，万佛山镇西南部，风景优美，生态文化旅游资源丰富。其地处湘桂交界处，自古以来就是交通、商品交易的重要集散地，G65 高速和 S252 省道从中药谷中部穿过，使之成功迈入靖黎龙绥 1 小时交通圈，怀邵桂柳 2 小时交通圈和华南泛珠 5 小时交通圈。中药谷总面积 4164 亩，地势东高西低，地貌以丘陵为主；地处云贵高原向南岭山地过渡地段，属雪峰山西南余脉；属亚热带季风湿润性气候区，四季分明，但夏天酷暑，冬少严寒；气温年较差小，日较差大，春温回升迟，秋温降得早，年平均气温 16.3℃～17.1℃，降水量 1155～1457 毫米，有天然林 1892.01 亩，人工林 324.31 亩，生态环境优良。从中药谷中部穿过的玉带河清澈透底，河面宽阔，水流急，落差大，两岸景色优美，是通道县休闲、娱乐、漂流、垂钓、野炊和生态农园的旅游胜地。中药谷种植的中药种类繁多，以钩藤为主要种植类型，还包括黄精、白笈、黑老虎、罗汉果等中草药，是侗医侗药向外界展示的重要窗口。中药谷位于下乡村，全村共有 9 个村民小组，529 户，总人口 1840 人，侗、汉、瑶族杂居。

中药谷距万佛山镇人民政府 3 千米，距通道县城 9 千米，距怀化市 150 千米。玉带河从中药谷西部穿过。村道较为稀疏。

其交通情况主要如下所示：

1. 外部交通

公路：通道县逐步形成以 G209 国道、怀通高速公路、枝柳铁路，江口经县溪至播洪公路、杉木桥经菁芜洲至独干公路、杉木桥经临口至双林公路为主框架的"四纵四横"交通网络。县内全部开通油路或水泥路。

铁路：通道县设有牙屯堡、塘豹、通道、流坪、靖州、会同等 9 个火车站，通车里程 44.3 千米。高铁站中，距桂林北站 151 千米，怀化南站 188 千米，距邵阳北站 296 千米，距长沙南站 467 千米。

2. 内部交通

通道县内部由 X080 县道从西北部横穿而过，万佛山区域有包茂高速横穿，内部交通网络完善。

湖南省内中药材资源丰富，区域特色明显；产业不断发展，研发能力逐渐提升；优势企业快速成长，专业市场发展良好。但也存在一些问题：规模化、产业化程度不高；中药材质量难以保障；研发创新能力不足；市场渠道不畅。

通道县产业以中药材种植为主，其中钩藤种植业占比最大，辅以黄精种植、黑老虎种植、罗汉果种植以及白芨种植，其他中药材如茜草、草珊瑚、金玉满堂等，也在小部分区域有种植产业。

目前，通道县内产品竞争力弱，缺乏整体化营销；旅游产业持续性差，缺乏项目化推动；产业融合程度低，缺少一体化管理。

中药材是中医药事业传承和发展的物质基础，是关系国计民生的战略性资源。保护和发展中药材对于深化医药卫生体制改革、提高人民健康水平、发展战略性新兴产业、增加农民收入、促进生态文明建设，具有十分重要的意义。

根据第四次全国中药资源普查统计，怀化市中药材资源众多。怀化市是南方野生和人工栽培中药材的主产区，中药材蕴藏量居湖南省第一，中药材品种多、品质优，素有"药材之乡"的美誉，发展中药材产业具有得天独厚的生态优势、区位优势和资源优势。

怀化市建设湖南西部中药谷，将通道县全力打造建设为怀化市的中药谷，充分发挥侗医侗药的特色优势，从"一棵苗"到"一条链"，从生态种植基地到中药饮片、中药产品、侗食侗医侗药同源产品、中药材集散市场，在通道县全力打造现代中药种植、加工及大健康产业链，构建集养生保健、医疗、康复、护理、旅游于一体的健康服务体系。

通道县得天独厚的自然条件和丰富的生物资源优势为大力发展中药材产业提供了先决条件，跑出了通道县的"加速度"，具体来说，主要有以下几点重要意义：

（1）实现生态产品价值

县政府要求充分利用丰富的林业生物资源，提高森林、林木和林地综合经营效率，做到与康养、乡村旅游、中药谷项目相结合，结合通道所需和所能，加快中药谷项目建设进度，完善相关基础配套设施，着力推进"林业经济、林下经济、林边经济"高质量发展。加强科技创新平台建设和招商引资，坚持大招商、招大商、招好商，持之以恒推动通道县产业发展。

（2）带动区域经济发展

湖南省通道县中草药科技小院是建立在基层的农村、企业集农业科技创新、示范推广和人才培养于一体的科技服务平台，是高校与地方合作的重大举措。通过与高校合作，提高科技成果转化效率，发展地方产业科技技术，加快推进区域经济转型发展。

（3）推进侗族文化传承

根据通道县的侗族文化传统调研，发现存在侗族文化歌舞以及语言方面无人传承的问题，仍需引起重视并解决。通过旅游业的发展，带动当地传统文化民俗的传播与宣传，实现民族传统、民族多样的保护，促进文化传承。同时，通道县还有历史悠久的侗医、侗药文化，急需得到宣传和传承。

（4）巩固魅力名县建设

通道侗族自治县位于湖南省西南边陲，湘、桂、黔三省（区）交界处的侗族聚居区腹地，是湖南省成立最早的少数民族自治县，素有"南楚极地，百越襟喉"之称，是"长征国家文化公园（湖南段）""张桂国际旅游走廊""大桂林国际旅游圈""湘桂黔渝文化旅游黄金线路"的重要节点。

（5）实现乡村振兴

产业振兴是乡村振兴的基础，通道县各相关单位要提高管理水平，科学制定发展规划，稳步有序地推进规划实施以确保乡村振兴工作取得实效。通道县的生态资源丰富，在保护乡村生态环境的同时，不断丰富完善旅游业态，打造具有鲜明地方特色的侗医侗药文化旅游品牌。促进中药材产业的发展和康养中心建设，美化玉带河沿河风光带，打造特色景观，增强乡村休闲旅游的吸引力和竞争力。

作为通道县经济社会快速、协调、可持续发展的强大助力，应科学推动中药谷的建设，将其打造为美丽我国·通道深呼吸生态旅游魅力名区（中药谷产业区），怀化市中医药产业创新示范区商贸流通示范村，湘黔贵地区中医药大健康产业聚集区，湖南美丽乡村建设示范区，道地药材产业发展风向标，国际知名中药材生产基地，立足湖南，面向全国，走向世界。

（二）总体思路

其总体思路为四个"一一"产业统筹规划。

1. 一县一品："产业＋看点＋文化＋主题＋品牌"

（1）"产业＋看点"

钩藤＋套种展示廊。

中药材＋观赏种植园。

虫茶＋养殖基地。

侗医侗药＋康体养生。

（2）"文化＋主题"

红色文化＋大荒遗址。

有机文化＋中药材种植。

养生文化＋药膳饮食。

药王文化＋生态康养。

（3）"品牌"

通道钩藤中药材系列产品。

通道中药材茶饮系列产品。

通道其他中药材系列产品。

2. 一芯一廊："核心＋长廊"

（1）通道县中药材科普馆

（2）药王长廊

3. 一路一景："精品步道＋特色景观"

（1）清香路（观赏园）

（2）养心路（落日余晖）

（3）致富路（种质园）

（4）林下路（种植园）

（5）玉带路（花田）

4. 一平台一团队:"综合运营平台""专业管理团队"

（1）中药材产品"线上＋线下"智慧化运营平台

（2）人才管理、环境管理、中药谷运营管理团队

（三）总体规划

1. 规划原则

总体来看，其规划原则是：产业引领，农旅融合，科学规划全域旅游，传承文化创意先行，特色引导守住红线，占补平衡。

从产业方面来看，其规划原则是：因地制宜，因时制宜，绿色原则，可持续发展原则，生态文明原则，创新发展原则，以人为本，人与自然和谐。

2. 规划要点

（1）空间整合

公共空间：整体协同。

产业空间：组落更新。

特色空间：文化彰显。

（2）产业引导

一产提升：中药种植。

三产融合：关联延伸。

产业联动：休闲康养。

重点突出：特色药材。

（3）设施完善

公共服务：系统完善。

基础设施：网络复合。

卫生环境：综合治理。

旅游设施：文化特色。

3. 规划主题

中药谷的三大核心主题：中药材＋侗族文化＋生态康养。

中药材：中药材种植，中药材集散交易，科普教育，观光游玩。

侗族文化：非遗展示，文化体验。

生态康养：侗医侗药，休闲养生。

（四）分项设计

1.植物景观规划设计

植物景观规划设计遵循生态学原理、美学原理、生物多样性原理、生物安全性原理以及师法自然等植物景观设计原理，重点突出"中药材的观赏价值"。植物造景通过对植物的种类选择、色彩搭配、质感差异、形态变化以及空间组合的设计，从植物外形与植物文化等方面来凸显"侗医侗药"主题，营造自然生态、舒适亲切的活动景观空间与恬静、安逸的流线空间。

主题：紧扣"观赏用中药材"主题，配置象征性植物，烘托传统侗医药氛围。

生态：严格遵循生态规律，提升艺术品位。

功能：根据不同功能分区，营造不同景观空间。

意境：根据功能分区，搭配不同植物以营造不同的意境。

开敞：减少中层植物层次，保持视线的通透性及空间的开敞性。

精细：着重于整个项目的植物配置精细度，把握植物的尺度与观赏性。

（1）入口景观设计

采用花期长的桂花作为乔木，桂花喜温暖，抗逆性强，既耐高温，也较耐寒，好湿润，切忌积水，但也有一定的耐干旱能力。灌木选择茉莉、丁香、长春花、山茶花、六月雪等，植物花期为5～12月。草本选择芍药、紫花地丁、百合和金盏菊，花期也与其他灌木树花期接近。在旅游旺季时期可同时开放，营造一种百花齐放、万紫千红的氛围，同时所选植物均有药用价值，这使来到中药谷的游客既可以在视觉、嗅觉上领略中药谷的独特魅力，又可以在观赏游玩中学习中药材知识。

（2）行道景观设计

使用可以长期保持颜色的枫香树，采用以红橙色调为主的灌木，如观花的杜鹃、紫薇，观叶的一品红、观果的紫金牛和金钱橘等。草本则选用颜色较淡的栀子花、金樱子、蜀葵和垂盆草等。这些植物种植在行道两侧，可以让漫步的游客放松身心，亲近药用植物的自然风景。

（3）茶馆周围景观设计

茶馆周围多采用颜色较为淡雅的中药材植物，乔木采用女贞、灌木采用夹竹桃、木槿、虎刺梅、石榴花，草本植物采用龙胆草、芸香、半边莲、曼陀罗、野菊花等，可以让游客在品茗歇息的同时，观赏各色药材开放的花朵。

（4）酒店附近景观设计

酒店附近的乔木选择枫香；灌木选择薰衣草、迎春花、木香花；草本植物选择橙黄玉凤花、旱金莲、艳山姜、凤仙花、石蒜、桔梗；营造"万紫千红"的主题氛围，可以给入住酒店的游客提供良好的住房景观。

（5）停车场景观设计

停车场附近的景观设计以突出自然绿意，可观花观叶为主，选用乔木为桂花、女贞子，不仅可以提供自然景观，还可以吸附一定汽车排出的污染物；灌木采用小果蔷薇、白刺花、夹竹桃、一品红等，其中夹竹桃为常见于高速路旁的植物，可吸附灰尘，保护环境；草本采用常绿的万年青以及麦冬；塑造一个"生态停车场"的整体氛围。

2.中药谷景观节点设计

该项目设计分为三大功能区域，在种植区域设计有中药材种植科普园、钩藤种植园、林下种植园、中药材种植观赏园、虫茶养殖基地等；在体验区域设计有小吃园、康养广场、九龙侗泉、侗善谷主、百味侗讲堂、阿萨多谐茶馆及钩藤套种展示廊等；在观赏区域设计有杜鹃花海、落日观景亭、长寿亭、揽胜亭、药谷鼎、中药谷长廊等。通过景观设计，满足种植、体验、观景的需求，致力于打造一个乡村旅游休闲地带。

二、城步县儒林镇罗家水村

（一）现状分析

城步县儒林镇罗家水村位于城步县城以北，离县城中心约 15 千米，距 S91 高速公路出口约 8 千米，距怀化南站约 126.5 千米，距邵阳站约 135 千米，距省会长沙约 432 千米；南与广西壮族自治区接壤；离桂林市约 210 千米。从以上区位分析来看，罗家水村的区位优势一般，但自然生态环境优良，农耕文化历史悠久，综合判断，城步县乡村正处在新的历史起点上，罗家水村必须抢抓机遇，重点围绕特色产业，立足资源禀赋，调优、调精、调特农业生产力布局，形成优势明显、类型多样、产出高效、带动力强的特色优势产业发展格局，打造宜居、宜业、宜游、宜养的高山休闲旅游村。

罗家水村位于城步苗族自治县儒林镇北部，地形起伏较大，地势北高南低，属于典型的山地地貌，最高处海拔 1119 米，最低处海拔 504 米，相对高差较大，达 515 米；适合开展山地旅游、山地康养、山地运动、高山种植业、高山养殖业等。

罗家水村内坡度西南部高，东北部低，最高达 43 度，最低坡度为 0 度；高差大，适合开发纵向生态景观。

1. 交通情况分析

（1）外部交通

公路：S86 武靖高速和 S91 洞新高速从城步县北部穿过、省道 S219 南北纵穿城步县，县城内有汽车北站和汽车南站两大汽车站点。罗家水村对外公路交通快速便捷，西侧邻省道 S219，村道沿公园外围分布，路网四通八达，连接重要省道及高速公路。城步至龙胜高速公路（联结大桂林之龙胜）已开工建设。

铁路：城步县距靖州站约 73.5 千米，洞口站约 75.5 千米，距怀化南站约 126.5 千米，距邵阳站约 135 千米。

连接怀化、邵阳和衡阳的怀邵衡铁路，衔接娄底和邵阳的娄邵铁路及洛湛线在邵阳市内呈交叉，使邵阳成为南方的重要交通点，连东西、通南北，不可或缺。

城步县规划：加快构建湘西南桂北交通畅通大框架，尽快启动城步至龙胜高速公路项目建设，力争兴永郴赣铁路、张吉怀旅游高铁延伸至桂林铁路项目过境城步并设站，进一步完善出省跨域大通畅、县乡公路大循环的交通网络。罗家水村外部交通高速公路较便利，铁路交通优势不明显。

（2）内部交通

城步县儒林镇罗家水村交通主要以 X090 县道为主，村道为辅，X090 县道是进入该村的必经之路。罗家水村地势较高，地形起伏大，村级主干道塌方频发，公路是 3.5 米的乡村硬化道路，会车十分困难。

2.道路分析

交通条件较差，道路崎岖，山路蜿蜒曲折，不利于驱车前行。道路体系不够完整，不利于游客的游览，道路等级不够，宽度较窄，不能双车通行，急需道路体系改造升级。

3.水系分析

山谷中水系狭长，常年水流不断，水质清澈，在村域内预打造研学基地、冷水养殖基地等，一是用于灌溉水田，二是提升水能利用，三是用于游览观光。

4.建筑分析

苗族寨落大多依山傍水，或在山冲，或在溪畔。走进苗寨的每一栋吊脚楼，就如同走进一座建筑木雕艺术馆。住宅大多为木结构建筑，屋子的大门常开在主楼左侧，建筑过道与走廊相通。该项目区建筑特点：吊脚楼依山而建，"一正一偏、四排三间"木架结构，通风良好，日照充足。建筑四周有板栅与外隔离，可防兽防盗。

5.农田分析

罗家水村内农田多以梯田的形式层层叠叠排布在山腰上，梯田可以作为打造多彩山景的主要载体，利用色叶树种的观赏特性打造全景的花田树海。农作物种植主要有水稻、猕猴桃、苗乡梨、红薯、艾草、茶叶、辣椒、油茶等。

（二）总体思路

在城步县儒林镇罗家水村，可以进行如下体验：

康养度假：罗家水村静谧舒适，千年银杏古树群观景，高山顶上看日落，万亩梯田围绕群山间，体验黄金溪峡谷，清溪四季长流；拥有良好的生态环境和充满特色的高山苗寨，是绝佳的邻近主要客群市场的康养度假目的地。

文化体验：传统古老的农耕文化、神秘多彩的淘金文化、浩如烟海的苗乡文化，共同组成丰富动人的文化画卷，共同打造苗乡文化的真实体验。依托城步浓郁的苗乡风情，打造苗乡文化的深度体验，让其不再是"玉在匮中"，而是"化燕飞出"，展现苗乡文化的美，发挥苗乡文化的魅力。

溯溪探险：惊险刺激的峡谷攀爬，穷水之源而登山之巅，充分满足游客对溯溪运动的各项体验。探寻原始次生林之奥秘，在溪谷清泉的山涧中，可嬉戏清澈的山泉水，尽情享受大自然的森林浴，观赏奇花异果，沿途两岸青山相对，水潭叠叠，心旷神怡，宛若天然氧吧。

亲子研学：罗家水村有深厚的文化底蕴，依托千年银杏、淘金文化、万亩梯田、娃娃鱼养殖基地等，可以从孩子的天性出发，以兴趣为灵感，开展与家庭成长教育、科普、感官等密切相关的亲子研学活动。

竹林越野：罗家水村竹海深深，在天然竹林中，开辟了错综复杂的迷宫赛道，游客可选择不同车辆，体验穿越迷宫的惊险刺激，体验高山寒村别样的竹林竞技。

有机种植：罗家水村的四季，是伴随着四溢的花香与果香流淌过来的，把优越生态环境和秀美乡村景致充分利用起来，以农业产业结构为抓手，开展苗香梨、猕猴桃等有机种植。

总体来说，其乡村景观规划设计的空间结构总体思路为"一核一面两带三园四片区"，分别指代如下：

一核：千年银杏。

一面：梯田景观。

两带：六板溪自然景观带，黄金溪自然景观带。

三园：艾草种植园，猕猴桃种植园，苗香梨种植园。

四片区：千年银杏休闲度假区，上团自然风光观景区，六板溪原始次生林游憩区，下团田园有机种植区。

（三）总体规划

罗家水村人居环境整治工程应增强群众的获得感、幸福感和满意度，积极推进农村人居环境改善，以进一步提高生活品质为目标，注重细节，将关注点聚焦在细微层面，致力于打造适合居住、经营和休闲的现代化苗族度假村。

全面贯彻落实党的二十大精神，深入贯彻落实省市县关于实施乡村振兴战略的安排部署，以农村垃圾、改厕、污水治理和村容村貌提升为主攻方向，抓好清洁村庄、清洁田园、清洁庭院、清洁水源，推进硬化、绿化、亮化、美化，改善农村生产生活条件，加快美丽宜居乡村建设，为推动乡村振兴战略提供有力支撑。

1. 规划原则

（1）因地制宜突出特色原则

基于高寒山村的种养业、蓝天白云、悠久的银杏古树、乡村风景和本土文化等资源，致力于建设苗乡乡村综合体，培育具有鲜明特色的乡村产业，更好地展示地方特色、传承乡村文化、呈现苗族风情，保护和弘扬传统苗乡文化，延续苗族历史文脉。

（2）乡村建设治理有效原则

推进罗家水村乡村治理体系和治理能力现代化建设是实现该乡村全面振兴、巩固党在农村执政基础、满足农民群众美好生活需要的必然要求。

（3）绿色引领创新驱动原则

秉持生态优先、可持续发展理念，坚守耕地和生态保护的底线，实现资源的合理利用，维护环境的可持续性，保护独特的文化景观资源如金坑园、庵堂等，推动农村在生产、生活和生态方面协调发展。同时，鼓励科技、产业形态和经营模式的创新，提升乡村产业的质量和效益。

2. 规划主题

罗家水村乡村的总体规划的主题主要以五个核心为主，分别如下所示：

（1）丰富多彩的苗乡乡村风俗民情

罗家水村的生产活动、生活方式，民情风俗、宗教信仰都引人入胜。苗乡少数民族，或能歌或善舞或热情奔放，有极具民族特色的节日、活动。该村的乡村旅游不仅让旅游者能感受苗族文化的魅力，而且能让民族文化得以更好的传播与传承，具有较高的旅游价值。

（2）各具特色的乡村自然风光

由于罗家水村上团、中团、下团地理位置独特，自然环境各异，呈现出迥然不同的自然景观。在这片区域，山谷中云雾缭绕，梯田错落有致，形成了一幅如诗如画的美景；山川交错，水流潺潺，构成了一幅山清水秀、林木葱茏的自然画卷。天高云阔，远处的山峰上风车时而转动，为整个山区增添了一份宁静而神秘的美感。这些独特的景观迷人而引人入胜，成为中外游客流连忘返的胜地。

（3）充满情趣的乡土文化艺术

苗族的本土文化和古老的艺术传统独具特色，因其朴实而神奇的表现方式而备受中外游客的喜爱。在这片地区，以舞狮子、篝火晚会、撑架火饭、苗歌对唱、打糍粑以及苗乡独特的乐器等艺术形式为代表，每一种都散发着浓厚的乡土氛围。无论是精湛的刺绣、扎染、巧妙的草编，还是独具匠心的竹编，都因其独特而丰富的乡土特色而深深打动着游客的心。另外，这个地方的乡村烹食风味也是别具一格，特色菜肴如血浆鸭等成为广大外国游客极富吸引力的美食之一。这些独特食材的烹饪技艺，不仅保留了苗族传统的烹饪手法，更是融合了创新元素，使得这些美食在口感上呈现出千变万化的独特风味，为游客带来了异国他乡的美食冒险。

（4）风格迥异乡村民居建筑

乡村居民建筑，不仅能够带给游人独特的观感，同时也能为游客提供宜人的休憩场所。罗家水村，受到地形、气候、建筑材料、历史、文化、社会和经济等多方面因素的影响，孕育了一种别开生面的建筑风格，形成了令游客耳目一新的"吊脚楼"独特建筑形式。

（5）富有特色的乡村传统劳作方式

罗家水村的传统劳作是该地人文景观中引人入胜的一景，保留了古老的农耕、劳动方式，有些地区甚至仍在原始劳作阶段。这些劳作形式包括采摘苗乡梨、手推小车、石臼磨米、制作豆腐、捕捉螃蟹、赶鸭群、牧放牛羊等，都充满了浓厚的生活氛围，富有诗意和画意，让人陶醉其中。

（四）分项设计

1. 植物设计

罗家水村游步道植物景观规划设计是在以景区原有植物为主题的基础上，遵循生态学原理、美学原理、生物多样性原理、植物安全性原理以及师法自然等植物景观设计原理，对游步道两旁以及景点内植物进行整理改造与新增补植，让植物的运用做到自然舒适、生态健康。

游步道植物景观设计与"乡村振兴"主题紧密结合。植物造景通过植物的种类选择、色彩搭配、质感差异、形态变化以及空间组合的设计，从植物外形与植物文化等方面来凸显主题，营造生态宜居、舒适亲切、邻近自然、放松休闲的活动景观空间和恬静、安逸的流线空间。

在原有植物为主题的基础上，对一些观花观果和彩色叶树种进行补植，既达到与场地属性相符合，又能营造四时有美景、四时不同景的景观效果。

罗家水村的各处植物设计需要遵循以下原则：

（1）生态

严格遵循生态规律，提升项目的艺术品位。

（2）功能

植物配置迎合方案设计，力求塑造不同的空间功能。

（3）意境

力求根据项目不同区域的景观设计，搭配植物以营造不同的意境感受。

（4）开敞

扩大草坪面积，减少中层植物层次，保持视线的通透性及空间的开敞性。

（5）精细

着重整个项目植物配置精细度，把握植物景观的尺度与观赏性。

（6）配比

植物设计最佳景观效果配比：灌木和草皮的比例为3/7；特／大／中型乔木配比为1：2：7。

2. 灯光设计

罗家水村亮化工程主干道需建设路灯约300个，其中屋前屋后亮化路灯约120个。

四片区的游步道亮化工程建设，总计需要建设路灯约771个。一是千年银杏休闲度假园需建设路灯约200个，二是上团自然风光观景区需建设路灯约15个，三是六板溪原始次生林体验区需建设路灯约69个，四是下团田园有机种植区需建设路灯约67个。

四片区的彩灯建设工程，总计需要建设彩灯680个。一是千年银杏休闲度假园需建设彩灯约250个，二是上团自然风光观景区需建设彩灯约180个，三是六板溪原始次生林体验区需建设彩灯约100个，四是下团田园有机种植区需建设彩灯约150个。

3. 民居设计

罗家水村民居总体风格为现代风格，结构为砖混结构。房子结构、外墙、屋面状态良好。对民居整体风格不作改动；对白色墙体进行彩绘，增加房子美观性，在庭院配植绿化植物，改善庭院环境，提高居住的舒适度；采用原石景墙加篱笆围合，强化院落的田园风格。

三、城步县长安营镇新岭村

（一）现状分析

长安营镇新岭村红衣苗寨民俗文化振兴总体规划及人居环境整治详细设计项目位于湖南省邵阳市城步县长安营镇新岭村。新岭村位于城步县城西南方向，离县城中心约 54 千米，距 S91 高速公路出口约 59 千米，距洞口高铁站约 160 千米，距邵阳武冈机场约 115 千米，距省会长沙市约 452 千米，综合上述位置分析，新岭村虽然地理位置不佳，但具有良好的自然生态条件和具有悠久的农业文化。总体来看，城步县农村已经站在了新的发展起点上，新岭村要想实现乡村振兴，就必须抓住机遇，以独特的文化和特色产业为着力点，优化农业生产布局，形成优势明显、类型多样、产出高效、带动能力强的特色优势产业发展模式，打造出一个宜居、宜业、宜游、宜养的高山休闲旅游村。

新岭村全村总人口 301 户 1073 人，其中苗侗两族人口比例高达 95%。新岭村原生态自然环境保持良好，苗寨大多依山傍水，分布比较散漫，建筑各有特色，有原始样式的建筑，也有与现代相结合的衍生苗族建筑。新岭村农田大多以梯田分布在山腰上，梯田景观是自然景观中的重要组成部分，村中产业还有猕猴桃、西红柿等种植。新岭村的交通条件较差，道路崎岖蜿蜒，不利于驱车直行，道路体系及基础设施建设不完善，不利于游客的游览，道路等级不够，不能双向通车，需要进行道路提质改造。

1. 高程分析

新岭村位于城步苗族自治县长安营镇镇北部，地形起伏较大，北、东、西三面地势较高，中部为谷地，地势较低，属于典型的山地地貌，最高处海拔 1740 米，最低处海拔 837 米，相对高差较大，达 903 米。适合开展山地旅游、山地康养、山地运动、高山种植业、高山养殖业等。

2. 坡度分析

新岭村内东北部上排片区和南部下排片区坡度较高，最高坡度可达55度，西南部长兴片区最低，最低坡度为0度。坡度高差大，适合开发纵向生态景观。

3. 坡向分析

新岭村村内北坡多为阴坡，南坡多为阳坡。阳坡日照时间长，降水量充足且面积大，适合开展高山种植业。

（二）总体思路

1. 功能分区

功能分区主要分为五大区域。分别为登高揽胜区与山地运动区、长兴坝哪古峒文化体验区、生态保育区、上排自然风光游览区、下排红衣苗民俗风情展示区。长兴坝哪古峒文化体验区的主题是文化特色体验和民宿住宿，将苗族坝哪古峒的文化风情作为游客中心、体验馆、餐厅和民宿的主题，并将其与文化创意和绿色发展相结合，从而既能反映出地方文化，又能带给游客一种别样的体验。生态景观以梯田景观为主，森林景观为辅，通过生态化改造，创造出优美、自然的生态景观。自然风光游览区是指在原有的生态景观之上，增加的一些小型特色，既便于游人游览，又能避免游人的不当行为对原有的生态环境造成损害。

2. 人居环境

新岭村的人居环境改造项目将以提高人民群众的获得感、幸福感、满意度为目标，大力推动农村人居环境的改善，不断提高人们的生活质量，从小处做起，把目标定为一个适合人们居住的、适合人们旅游的、现代的苗乡旅游胜地。

（三）总体规划

1. 规划主题

坝哪文化、红衣苗寨、康养度假、有机种植、登高览胜、山地运动、溯溪探险、亲子研学、田园观光。

2. 规划理念

产业引领，农旅融合；笙韵苗乡，振兴传承；全域旅游，乡村治理；特色引导，科学规划；守住红线，适度开发；村民主导，凝聚共识。

3. 规划原则

（1）"因地制宜，突出特色"原则

以高寒山区的种养业、青山绿水、田园风光、地方文化为依托，以苗乡田园综合体为载体，发展优势明显、特色鲜明的苗乡产业，使其更好地体现地域特色，承载乡村传统，体现出苗乡的特色。对苗族传统文化的保护与传承，是对其历史文脉的一种传承。

（2）"市场导向，政府支持"原则

要充分发挥市场的主导作用，使生产要素、市场和各种经营主体活跃起来。在农村地区，要充分发挥政府的作用。

（3）"乡村建设，治理有效"原则

为实现新岭村整体振兴，需要推进乡村治理体系和能力的现代化，以巩固党在农村的执政基础，以更好地满足广大农民的美好生活需要。

（4）"绿色引领，创新驱动"原则

严格遵守耕地、生态红线，做到"以人为本"，做到"用地为本"，实现"用地、养地"的有机统一，推进"用地养人"的和谐发展。推进生产经营方式的创新，提升农村产业的品质和效率。

（5）"可持续性，多规合一"原则

要发挥市场机制的作用，把生产要素、市场和各种经营主体都调动起来。在我国农村，要建立以农户为主、企业为辅、社会为辅的新型农村产业发展模式。

4. 功能分区及总体布局

新岭村红衣苗民俗文化振兴总体规划可以分为"一核、一心、一街、三带、五片区"，分别是坝哪古峒文化核心；红衣苗文化展示中心；红衣苗民俗风情街；山地运动景观带、红衣苗民俗文化带、田园风光体验带；登高览胜与山地运动区、长兴坝哪古峒文化体验区、生态保育区、上排自然风光游览区、下排红衣苗民俗风情展示区。

（四）分项设计

1. 红衣苗特色民居整饰工程

（1）红衣苗民居风檐板整饰工程

设计说明：红衣苗民居风檐板整饰工程将改造该村三个片区的 155 户居民，

总长度共计 6000 米。本设计方案将红衣苗的红色元素应用于该村的民居整体屋檐，体现红衣苗寨的建筑特色，更好地烘托红衣苗寨以"红"色作为该苗族的独特元素。

（2）红衣苗民居特色灯笼装饰工程

设计说明：红衣苗民居特色灯笼装饰工程将改造该村三个片区的 155 户居民，每户安装 4 盏灯笼，共计 620 盏。红色灯笼悬挂于红衣苗的特色建筑四周，每户采用通电亮灯的模式。灯笼寓意吉祥、幸福、光明、如意，是我国文化的特有符号，具有丰富文化底蕴。红灯笼与红衣苗的元素相辅相成，每当夜晚降临，家家灯笼高高挂，吊脚楼的夜景在夜空中形成一道别样的高山夜景，让游客感受到红衣苗寨里半空中的一缕红光。

2. 村部文化广场整饰工程

在村部文化广场设计红衣苗文化墙整饰工程，设计说明如下所示：

红衣苗文化墙整饰工程面积约为 200 平方米。该项目位于新岭村村部广场处，本设计方案用文化石墙和墙绘的形式进行展现。墙体处理工艺为将整体墙面打磨抛光处理，再进行墙体整平，以达到雕刻和墙体绘画的基本条件，红衣苗的坝哪古垌文化应用文化墙，体现红衣苗居民的生活情景，更好地发扬红衣苗的坝哪古垌文化，让其民族文化得到很好的传承与发展。

四、新邵县坪上镇小河村

（一）现状分析

小河村是湖南省邵阳市新邵县坪上镇下辖村，地处新邵县西北部，东连潭溪镇、寸石镇，西与大新乡隔资江相望，北与冷水江市金竹山镇为邻，镇人民政府距县人民政府驻地 26.4 千米，周边环绕着沙子涵、易家岭、罗吉岭、刘家岭、架子冲，与小河村石家冲、小河里、姚家岭、龙家岭、牛脘心相邻。

小河村的景观规划设计更加合理，空间功能、区域和地方交通都具有地理优势。扩展项目包括西北部分梯田、阳光草坪、流光花田。设计范围覆盖整个小河村。

小河村规划区域内主要道路均为水泥路且基本硬化，并且主道路两侧路灯等基础设施相对缺乏。项目规划区域内建筑多数为单层、双层，多为裸露的墙面且已老旧。建筑风格基本一致但美观度不够，存在缺少护栏等安全隐患。绿化植被种类杂乱短缺，植物搭配不完善，缺少地被植物以及一些矮灌木的搭配。

本书基于乡村建设景观规划设计的视角研究国内国外具有绿色生态和人文情怀性质的和美乡村现状以及村落当地风俗文化相关理论研究，分析小河村建设景观生态文化基本理论、特征，梳理绿色生态、休闲度假的旅游景观设计要点、含义和基本设计方法和思路，通过小河村具有的当地风俗文化、生态景观设计来总结对乡村建设景观规划设计思路。

构建绿色生态乡村建设景观规划设计的理论体系，为绿色生态、休闲度假观光旅游景观设计的营造提供多层次、全方位的理论支撑。通过对小河村的地理位置以及生态环境的分析，为打造以"绿色生态产业、休闲度假观光"为特色的和美乡村，对于小河村的乡村建设景观规划以"一带三区"进行划分，即小河风光带、高山生态景观观赏区、休闲度假体验区、特色产业种植区。小河村因一条小河穿过村子而得名，故小河风光带可作为小河村的标志性生态景观；由于小河村坐落于金龙山北麓峡谷，地处高山之顶，大山深处，划分高山生态景观观赏区可供当地村民以及来往游客在此区域观赏到自然的生态景观，呼吸到清澈干净的空气；其次小河村地理位置优越，河水四季川流不息，风景秀丽，空气清爽，环境优雅，因而划分休闲度假体验区，该分区包括当地的旅游景点、民宿区、娱乐设施等；小河村气候好、空气好、水源好，由此也有许多特色产业的种植与开发，故划分特色产业种植区，带动村庄的经济和产业发展，实现乡村振兴发展。

（二）总体思路与规划

设计规划范围整体呈狭长形，以小河村的整体的地形地貌为依托设计规划以绿色生态为主题的休闲度假观光基地，小河村的休闲度假体验区处于设计范围的中央位置，交通运输便利，视野开阔，景观较好，东北角结合功能分区设有一处废地用于规划停车范围，在合理的行动范围内给人们生态的行车感受。西部有些许梯田景观，可因地制宜规划和种植小河村当地的特色农业或其他农作物，并形成百草天梯作为特色景点。小河村中有一条河贯穿全村，形成小河村独特的小河风光带，为游人添加游览的兴致，放松愉悦身心。

可以在小河村划分村区内功能景区，并将小河村的乡村建设景观规划以"一带三区"进行划分，即小河风光带、高山生态景观观赏区、休闲度假体验区、特色产业种植区。

（三）分项设计

1.分项设计的布局平面图

在功能分区的内部再进行细化，把设计规划落实到项目个体，可以得到分项设计的布局平面图。

2.分项设计的效果图

小河村位于山群之中，地形崎岖，地势海拔较高，该村海拔平均800米，生态环境好，空气清新。本村的环境优势有助于打造绿色生态为主题的休闲度假观光基地，助推当地经济发展，提高村民幸福指数，带动周边人流。

在整个项目规划中，小河村当地的地理区位地势较高，空气清新凉爽，对小河村的景观规划结合当地的生态资源、特色产业以及地形区位等优势进行详细规划，对当地的许多老旧节点设施等进行改造更新。

生态停车场是对绿色生态的重要体现，对其规划便于大小型汽车规范停车。休闲健身广场的规划设计结合对场地的需求，规划在特色民宿旁，便于游客休闲娱乐、饭后休憩、健身运动等，如图5-4-1所示。在小河村主干道旁设有休憩小广场，面积不大，但可供游客、当地村民休息娱乐，如图5-4-2所示。小河村旅游资源极为丰富，老亭子为小河村的特色景点，如图5-4-3所示。

图 5-4-1 休闲健身广场

图片来源：作者设计团队绘制

图 5-4-2 休憩小广场

图片来源：作者设计团队绘制

图 5-4-3 老亭子

图片来源：作者设计团队绘制

结合小河村现状，针对当前村落存在的道路基本硬化、路灯等设施相对缺乏、建筑单一、绿化杂乱短缺、植物配置不完善等问题进行提质改造。如入口区、居民区前坪、道路、植物配置等景观，进行了重新规划设计，如图 5-4-4、图 5-4-5 所示。

图 5-4-4 居民区周边改造后效果

图片来源：作者设计团队绘制

图5-4-5　村落入口区改造效果

图片来源：作者设计团队绘制

参考文献

[1] 郭雨，梅雨，杨丹晨.乡村景观规划设计创新研究 [M].北京：应急管理出版社，2020.

[2] 孙凤明.乡村景观规划建设研究 [M].石家庄：河北美术出版社，2018.

[3] 陈威.景观新农村乡村景观规划理论与方法 [M].北京：中国电力出版社，2007.

[4] 张琳.乡村景观与旅游规划 [M].上海：同济大学出版社，2022.

[5] 龙岳林，何丽波.乡村产业景观规划 [M].长沙：湖南科学技术出版社，2021.

[6] 王云才.现代乡村景观旅游规划设计 [M].青岛：青岛出版社，2003.

[7] 樊丽.乡村景观规划与田园综合体设计研究 [M].北京：中国水利水电出版社，2019.

[8] 林方喜.乡村景观评价及规划 [M].北京：中国农业科学技术出版社，2020.

[9] 刘杰，刘玉芝，郑艳霞，等.景观生态理念下的乡村旅游规划设计 [M].北京：经济科学出版社，2018.

[10] 党伟，李凯歌，郭盼盼.美丽乡村建设视角下的乡村景观设计探究 [M].昆明：云南美术出版社，2020.

[11] 郑馨，周子正.生态理念下的智慧乡村景观设施改造 [J].现代园艺，2023，46（9）：124–126.

[12] 廖先琼.循环经济导向下乡村景观规划设计 [J].新闻爱好者，2023（4）：131.

[13] 胡晓冉.乡土文化元素在美丽乡村景观规划设计中的应用研究 [J].工业设计，2023（4）：134–136.

[14] 吴一凡，张燕来.基于科学知识图谱的我国乡村景观研究 [J].西南大学学报（自然科学版），2023，45（4）：231–238.

[15] 高萍萍. 乡村振兴视域下乡村景观规划与生态设计研究 [J]. 环境工程，2023，41（4）：262–263.

[16] 钟妍，黎晓，马树华. 乡村振兴背景下特色旅游型乡村空间设计探析 [J]. 佛山陶瓷，2023，33（3）：161–163.

[17] 周枫. 美丽乡村生态景观设计中文化元素的应用 [J]. 现代农业研究，2023，29（3）：130–134.

[18] 张泉，张子岩，邹成东. 英国乡村景观规划政策与管理体制的经验及启示 [J]. 园林，2023，40（2）：69–75.

[19] 方浩俊. 乡村景观设计 [J]. 建筑经济，2023，44（2）：106.

[20] 谭铃千，董丽，郝培尧，等. 浅谈美丽乡村视角下的植物景观营造 [J]. 景观设计，2022（6）：134–137.

[21] 孙宇. 旅游型乡村公共空间景观质量评价及规划设计研究 [D]. 天津：天津城建大学，2022.

[22] 宋琦. 徽州传统村落景观意象研究 [D]. 合肥：安徽农业大学，2022.

[23] 代天娇. 基于空间叙事的传统村镇景观更新设计研究 [D]. 桂林：桂林理工大学，2022.

[24] 许子贤. 基于地域文化的新乡市杨堤村乡村景观设计研究 [D]. 郑州：河南农业大学，2022.

[25] 张世阔. 参与式设计视角下的乡村景观设计研究 [D]. 重庆：重庆大学，2022.

[26] 胡光颖. 产业融合视角下的乡村景观规划研究 [D]. 广州：仲恺农业工程学院，2022.

[27] 霍鑫阳. 基于地域文化视角下的传统村落微景观设计方法及其实践 [D]. 长春：吉林农业大学，2022.

[28] 熊雨华. 地域文化视域下的体验式乡村景观设计研究 [D]. 重庆：四川美术学院，2022.

[29] 王枭枭. 乡土元素在民族村落景观中的传承与应用研究 [D]. 桂林：桂林电子科技大学，2021.

[30] 杜娟. 湘西州传统村落景观可持续发展研究 [D]. 长沙：湖南农业大学，2021.